바쁜 친구들이 즐거워지는 **빠른** 학습법 — 서술형 기본서

징검다리 교육연구소 최순미 지음

나 혼자 푼다!
수학 문제

초등
3-2

새 교육과정 완벽 반영!
2학기 교과서 순서와 똑같아
공부하기 좋아요!

이지스에듀

저자 소개

최순미 선생님은 징검다리 교육연구소의 대표 저자입니다. 이지스에듀에서 《바쁜 5·6학년을 위한 빠른 연산법》과 《바쁜 3·4학년을 위한 빠른 연산법》, 《바쁜 1·2학년을 위한 빠른 연산법》 시리즈를 집필, 새로운 교육과정에 걸맞은 연산 교재로 새 바람을 불러일으켰습니다. 지난 20여 년 동안 EBS, 디딤돌 등과 함께 100여 종이 넘는 교재 개발에 참여해 왔으며 《EBS 초등 기본서 만점왕》, 《EBS 만점왕 평가문제집》 등의 참고서 외에도 《눈높이수학》 등 수십 종의 교재 개발에 참여해 온, 초등 수학 전문 개발자입니다.

그 동안의 경험을 집대성해, 요즘 학교 시험 서술형을 누구나 쉽게 익힐 수 있는 《나 혼자 푼다! 수학 문장제》 시리즈를 집필했습니다.

징검다리 교육연구소는 바쁜 친구들을 위한 빠른 학습법을 연구하는 이지스에듀의 공부 연구소입니다. 아이들이 기계적으로 공부하지 않도록, 두뇌가 활성화되는 과학적 학습 설계가 적용된 책을 만듭니다.

바쁜 친구들이 즐거워지는 **빠른** 학습법-바빠 시리즈

나 혼자 푼다! 수학 문장제 - 3학년 2학기

초판 발행 | 2018년 7월 5일
초판 7쇄 | 2024년 10월 30일
지은이 | 징검다리 교육연구소 최순미
발행인 | 이지연
펴낸곳 | 이지스퍼블리싱(주)
출판사 등록번호 | 제313-2010-123호
주소 | 서울시 마포구 잔다리로 109 이지스 빌딩 5층 (우편번호 04003)
대표전화 | 02-325-1722   **팩스** | 02-326-1723
이지스퍼블리싱 홈페이지 | www.easyspub.com   **이지스에듀 카페** | www.easyspub.co.kr
바빠 아지트 블로그 | blog.naver.com/easyspub   **인스타그램** | @easys_edu
페이스북 | www.facebook.com/easyspub2014   **이메일** | service@easyspub.co.kr

기획 및 책임 편집 | 조은미, 박지연, 정지연, 김현주, 이지혜, 최순미   **일러스트** | 김학수
디자인 | 이유경, 이근공, 정우영   **전산편집** | 아이에스   **인쇄** | 보광문화사
영업 및 문의 | 이주동, 김요한(support@easyspub.co.kr)   **독자 지원** | 박애림, 김수경   **마케팅** | 라혜주

ISBN 979-11-6303-015-7 64410
ISBN 979-11-87370-61-1(세트)
가격 9,000원

알찬 교육 정보도 만나고 출판사 이벤트에도 참여하세요!

1. 바빠 공부단 카페	2. 인스타그램	3. 카카오 플러스 친구
cafe.naver.com/easyispub	@easys_edu	🔍 이지스에듀 검색!

• **이지스에듀**는 이지스퍼블리싱의 교육 브랜드입니다.
  (이지스에듀는 아이들을 탈락시키지 않고 모두 목적지까지 데리고 가는 책을 만듭니다!)

서술형 문장제도 나 혼자 푼다!

 새 교육과정, 서술의 힘이 중요해진 초등 수학 평가

'2015 개정 교육과정'을 반영한 3학년, 4학년 교과서는 2018년 봄(1학기)과 가을(2학기)에 새로 나와 다음 교과서 개정이 될 때까지 5년 동안 사용됩니다. 새로 개정된 교육과정의 핵심은 바로 '4차 산업혁명 시대에 걸맞은 인재 양성'입니다. 어린이가 살아갈 미래 사회가 요구하는 인재 양성을 목표로, 이전의 단순 암기가 아닌 스스로 탐구해 알아가는 과정 중심 평가가 이루어집니다.

과정 중심 평가의 대표적인 유형은 서술형입니다. 수학에서는 단순 계산보다는 실생활과 관련된 문장형 문제가 많이 나오고, 답뿐만 아니라 '풀이 과정'을 평가하는 비중이 대폭 높아집니다.

 정답보다 과정이 중요해요! ― 문장형 풀이 과정 완벽 반영!

예를 들어, 부산의 모든 초등학교에서 객관식 시험이 사라졌습니다. 주관식 시험도 서술형 위주로 출제되고, '풀이 과정'을 쓰는 문제의 비율도 점점 높아지고 있습니다.

나 혼자 푼다! 수학 문장제는 새 교육과정이 원하는 교육 목표를 충실히 반영한 책입니다! 새 교과서에서 원하는 적정한 난이도의 문제만을 엄선했고, 단계적 풀이 과정을 도입해 어린이 혼자 풀이 과정을 완성하도록 구성했습니다.

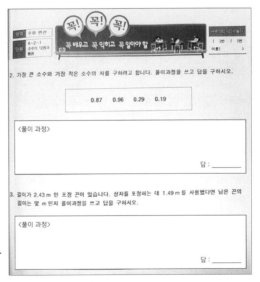

부산시교육청의 초등 수학 서술형 시험지.
풀이 과정을 직접 완성해야 한다.

 문장제, 옛날처럼 어렵게 공부하지 마세요!

나 혼자 푼다! 수학 문장제는 새 교과서 유형 문장제를 혼자서도 쉽게 연습할 수 있습니다. 요즘 교육청에서는 과도하게 어려운 문제를 내지 못하게 합니다. 이 책에는 옛날 스타일 책처럼 쓸데없이 꼬아 놓은 문제나, 경시 대회 대비 문제집처럼 아이들을 탈락시키기 위한 문제가 없습니다. 진짜

실력이 쌓이고 공부가 되도록 기획된 문장제 책입니다.

또한 문제를 생각하는 과정 순서대로 쉽게 풀어 나가도록 구성했습니다. 단답형 문제부터 서술형 문제까지, 서서히 빈칸을 늘려 가며 풀이 과정과 답을 쓰도록 구성했지요. 요즘 학교 시험 스타일 문장제로, 3학년이라면 누구나 쉽게 도전할 수 있습니다.

 ## "문제가 무슨 말인지 모르겠다면?" — 문제를 이해하는 힘이 생겨요!

문장제를 틀리는 가장 큰 이유는 문제를 대충 읽거나, 읽더라도 잘 이해하지 못했기 때문입니다. **나 혼자 푼다! 수학 문장제**는 문제를 정확히 읽도록 숫자에 동그라미를 치고, 구하는 것(주로 마지막 문장)에는 밑줄을 긋는 훈련을 합니다.

문제를 정확하게 읽는 습관을 들이면, 주어진 조건과 구하는 것을 빨리 파악하는 힘이 생깁니다. 또한 어려운 용어는 국어 시간처럼 설명해 주어 수학 독해력도 쌓입니다.

수찬이는 전체 쪽수가 173쪽인 동화책 3권을 읽었습니다. 수찬이가 읽은 동화책은 모두 몇 쪽일까요?

173쪽씩 3권이니까 곱셈을 할래!

 ## "막막하지 않아요!" — 빈칸을 채우며 풀이 과정 훈련!

이 책은 풀이 과정의 빈칸을 채우다 보면 식이 완성되고 답이 구해지도록 구성했습니다. 또한 처음 나오는 유형의 풀이 과정은 연한 글씨를 따라 쓰도록 구성해, 막막해지는 상황을 예방해 줍니다.

또한 이 책의 빈칸을 따라 쓰고 채우다 보면 풀이 과정이 훈련돼, 긴 풀이 과정도 혼자서 척척 써 내는 힘이 생깁니다.

수학은 약간만 노력해도 풀 수 있는 문제부터 풀어야 효과적입니다. 어렵지도 쉽지도 않은 딱 적당한 난이도의 **나 혼자 푼다! 수학 문장제**로 스스로 문제를 풀어 보세요. 혼자서 문제를 해결하면, 수학에 자신감이 생기고 어느 순간 수학적 사고력도 향상됩니다.

이렇게 만들어진 문제 해결력과 사고력은 고학년 수학을 잘할 수 있게 될 거예요!

'나 혼자 푼다! 수학 문장제' 구성과 특징

1. 혼자 푸는데도 선생님이 옆에 있는 것 같아요! — 친절한 도움말이 담겨 있어요.

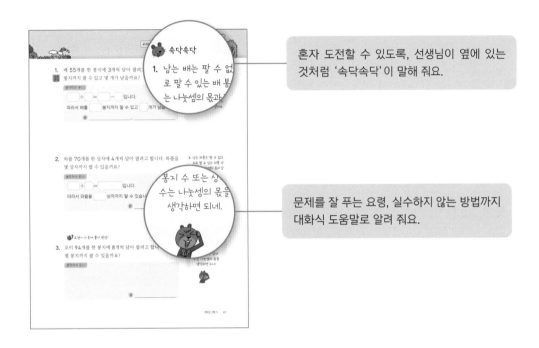

혼자 도전할 수 있도록, 선생님이 옆에 있는 것처럼 '속닥속닥'이 말해 줘요.

문제를 잘 푸는 요령, 실수하지 않는 방법까지 대화식 도움말로 알려 줘요.

2. 교과서 대표 유형 집중 훈련! — 같은 유형으로 반복 연습해서, 익숙해지도록 도와줘요.

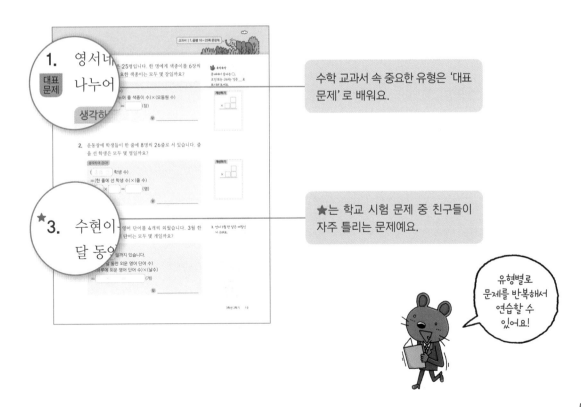

수학 교과서 속 중요한 유형은 '대표 문제'로 배워요.

★는 학교 시험 문제 중 친구들이 자주 틀리는 문제예요.

유형별로 문제를 반복해서 연습할 수 있어요!

3. 문제 해결의 실마리를 찾는 훈련! — 조건과 구하는 것을 찾아보세요.

숫자에는 동그라미, 구하는 것(주로 마지막 문장)에는 밑줄 치며 푸는 습관을 들여 보세요. 문제를 정확히 읽고 빨리 이해할 수 있습니다. 소리 내어 문제를 읽는 것도 좋아요!

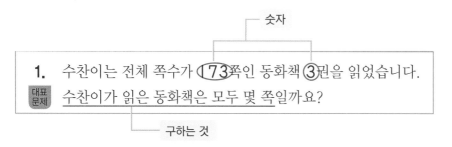

4. 단계별 풀이 과정 훈련! — 막막했던 풀이 과정을 손쉽게 익힐 수 있어요.

'생각하며 푼다!'의 빈칸을 따라 쓰고 채우다 보면 긴 풀이 과정도 나 혼자 완성할 수 있어요!

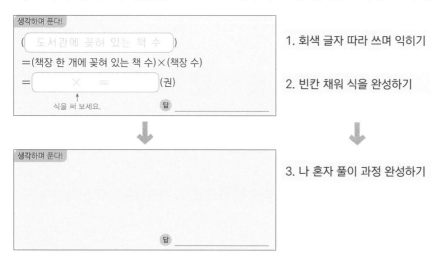

1. 회색 글자 따라 쓰며 익히기

2. 빈칸 채워 식을 완성하기

3. 나 혼자 풀이 과정 완성하기

5. 시험에 자주 나오는 문제로 마무리! — 단원 평가도 문제없어요!

각 단원마다 시험에 자주 나오는 주관식 문제를 담았어요. 실제 시험을 치르는 것처럼 풀어 보세요!

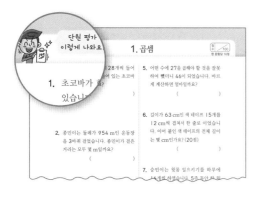

단원평가도 자신 있어요!

'나 혼자 푼다! 수학 문장제' 이렇게 공부하세요.

▪ 다음 어린이에게 이 책을 추천해요!

 문제 자체를
이해 못하는 어린이

▶ 숫자에 동그라미, 구하는 것에
밑줄 치며 문제를 읽으세요!

 풀이 과정 쓰기가
막막한 어린이

▶ 빈칸을 채워 가며
풀이 과정을 쉽게 익혀요!

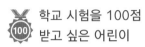 학교 시험을 100점
받고 싶은 어린이

▶ 새 교과서 진도에 딱 맞춘 문장제
책으로 학교 시험 서술형까지 OK!

1. 개정된 교과서 진도에 맞추어 공부하려면?

'나 혼자 푼다! 수학 문장제 3-2'는 개정된 수학 교과서에 딱 맞춘 문장제 책입니다. 개정된 교과서의 모든 단원을 다루었으므로 학교 진도에 맞추어 공부하기 좋습니다.

교과서로 공부하고 문장제로 복습하세요. 하루 15분, 2쪽씩, 일주일에 4번 공부하는 것을 목표로 계획을 세워 보세요.

문장제 책으로 한 학기 수학을 공부하면, 수학 교과서도 더 풍부하게 이해되고 주관식부터 서술형까지 학교 시험도 더 잘 볼 수 있습니다.

2. 문제는 이해되는데, 연산 실수가 잦다면?

문제를 이해하고 식은 세워도 연산 실수가 잦다면, 연산 훈련을 함께하세요! 특히 3학년은 곱셈을 어려워하는 경우가 많으니, '곱셈'으로 점검해 보세요.

매일매일 꾸준히 연산 훈련을 하고, 일주일에 하루는 '나 혼자 푼다! 수학 문장제'를 풀어 보세요.

바빠 연산법 3·4학년 시리즈

 목차

교과서 단원을
확인하세요~.

나 혼자 풀이 과정을 완성하는

곱셈

첫째 마당에서는 **3학년 2학기 첫 단원인 '곱셈'**을 이용한 문장제를 배웁니다.

1학기 때 배운 곱셈보다 자릿수는 커지지만, 원리는 똑같아요.

각 자리를 잘 맞추고, 올림에 주의하면 어렵지 않게 풀 수 있어요.

올림한 수를 잊지 말고 바로 윗자리로 올림하여 계산한 값에 더하세요!

1. 312에 3을 곱하면 얼마일까요?

_____

2. 125에 2를 곱하면 얼마일까요?

_____

일의 자리에서
올림한 수

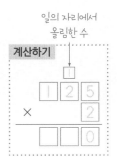

3. 한 자루에 830원인 연필 4자루의 값은 모두 얼마일까요?

_____ 원

4. 한 권에 950원인 연습장 5권의 값은 모두 얼마일까요?

_____ 원

5. 하루에 350원씩 모은다면 3일 동안 모은 금액은 모두 얼마일까요?

_____ 원

1. 귤이 한 상자에 137개씩 들어 있습니다. 2상자에 들어 있 는 귤은 모두 몇 개일까요?

대표문제

🐭 속닥속닥

문제에서 숫자는 ◯,
조건 또는 구하는 것은 ___로
표시해 보세요.

> **생각하며 푼다!**
>
> (2상자에 들어 있는 귤 수)
> =(한 상자에 들어 있는 귤 수)×(상자 수)
> = ⟨137⟩ × □ = □ (개)
>
> → 단위도 꼭 써요!
>
> 답 _____ 개

일의 자리에서
올림한 수
↓

계산하기

	□	
1	3	7
×		2
□	□	4

① 일의 자리, 십의 자리, 백의 자리 순서로 계산해요.
② 올림이 있으면 윗자리 계산을 할 때 더해 줘요.

2. 지우개가 한 상자에 152개씩 들어 있습니다. 4상자에 들 어 있는 지우개는 모두 몇 개일까요?

> **생각하며 푼다!**
>
> (4상자에 들어 있는 지우개 수)
> =(한 상자에 들어 있는 지우개 수)×(□)
> = □ × □ = □ (개)
>
> 답 _____

계산하기

	□	
□	□	□
×		□
□	□	□

올림에 주의해서
일의 자리부터
계산해야 돼.

🐱 도전~ 나 혼자 풀이 완성!

3. 밤을 한 자루에 243개씩 담으려고 합니다. 5자루에 담은 밤은 모두 몇 개일까요?

> **생각하며 푼다!**
>
>
>
>
>
> 답 _____

계산하기

	□	
□	□	□
×		□
□	□	□

1. 수찬이는 전체 쪽수가 ⟨173⟩쪽인 동화책 ⟨3⟩권을 읽었습니다.
수찬이가 읽은 동화책은 모두 몇 쪽일까요?

🐭 **속닥속닥**

문제에서 숫자는 ○,
조건 또는 구하는 것은 ___로
표시해 보세요.

생각하며 푼다!

(수찬이가 읽은 동화책 쪽수)

=(동화책 한 권의 쪽수)×(읽은 동화책 권수)

=◻×◻=◻(쪽)

답 _____

계산하기

◻◻◻
× ◻
◻◻◻

2. 동화책이 책꽂이 한 개에 128권씩 꽂혀 있습니다. 책꽂이
4개에 꽂혀 있는 동화책은 모두 몇 권일까요?

생각하며 푼다!

(책꽂이 4개에 꽂혀 있는 동화책 수)

=(책꽂이 한 개에 꽂혀 있는 동화책 수)×(책꽂이 수)

=◻×◻=◻(권)

답 _____

계산하기

◻◻◻
× ◻
◻◻◻

올림한 수를
빠뜨리지 말고
계산하자.

3. 도서관에 책장이 8개 있습니다. 책장 한 개에 책이 412권
씩 꽂혀 있다면 도서관에 꽂혀 있는 책은 모두 몇 권일까요?

생각하며 푼다!

(도서관에 꽂혀 있는 책 수)

=(책장 한 개에 꽂혀 있는 책 수)×(책장 수)

=(◻ × ◻)(권)
　　　↑
식을 써 보세요.

답 _____

계산하기

◻◻◻
× ◻
◻◻◻◻

1. 소민이는 줄넘기를 매일 132번씩 했습니다. 소민이는 일주일 동안 줄넘기를 모두 몇 번 했을까요?

생각하며 푼다!

(일주일 동안 한 줄넘기 수)
=(하루에 한 줄넘기 수)×(날수)

= ☐ × ☐ = ☐ (번)

답 _____

계산하기

2. 수현이는 둘레가 467 m인 연못을 3바퀴 걸었습니다. 수현이가 걸은 거리는 모두 몇 m일까요?

생각하며 푼다!

(수현이가 걸은 거리)
=(연못 한 바퀴의 둘레)×(바퀴 수)

= ☐ × ☐ = ☐ (m)

답 _____

계산하기

★3. 수업 준비물로 색종이를 한 명에게 6묶음씩 나누어 주었습니다. 나누어 준 색종이는 모두 몇 묶음일까요?

전체 학생 수를
먼저 구해야 돼.

반	1	2	3	4	5
학생 수(명)	27	26	25	23	24

생각하며 푼다!

(전체 학생 수)=27+26+25+ 23 + 24

= ☐ (명)

(나누어 준 색종이 수)= ☐ × ☐

= ☐ (묶음)

답 _____

계산하기

02. (세 자리 수) × (한 자리 수) 응용 문장제

1. **대표문제** 서울에서 부산까지 가는 열차는 한 번에 748명의 승객이 탈 수 있습니다. 이 열차가 하루에 5번 운행한다면 이 열차를 타고 서울에서 부산까지 갈 수 있는 승객은 하루에 몇 명일까요?

속닥속닥
문제에서 숫자는 ◯,
조건 또는 구하는 것은 ___로
표시해 보세요.

생각하며 푼다!
(하루에 서울에서 부산까지 갈 수 있는 승객 수)
=(한 번에 탈 수 있는 승객 수)×(하루에 운행하는 횟수)
= □ × □ = □ (명)

답 _____

계산하기

	□	□	□
×			□
□	□	□	□

2. 기차 한 칸에 승객이 132명씩 탈 수 있습니다. 기차 6칸에는 승객이 모두 몇 명 탈 수 있을까요?

생각하며 푼다!
(기차 6칸에 탈 수 있는 승객 수)
=(기차 한 칸에 탈 수 있는 승객 수)×(칸 수)
= □ × □ = □ (명)

답 _____

계산하기

	□	□	□
×			□
	□	□	□

3. 지하철이 하루에 265번씩 지나가는 역이 있습니다. 4일 동안 이 역에는 지하철이 모두 몇 번 지나갈까요?

생각하며 푼다!
(지하철이 4일 동안 지나가는 횟수)
=(지하철이 하루에 지나가는 횟수)×(날수)
= □ × □ = □ (번)

답 _____

1번과 2번은 각각
하루 동안 또는
기차 6칸에 탈 수
있는 승객 수를
구하는 문제이고,
3번은 운행 횟수를
구하는 문제야.

1. 서준이네 반에서 시장 놀이를 하기 위해 만든 가격표입니다. 더 비싼 것은 무엇일까요?

🐭 **속닥속닥**

문제에서 곱셈식은 ◯,
조건 또는 구하는 것은 ＿로
표시해 보세요.

생각하며 푼다!

(동화책 값)= ☐ × ☐ = ☐ (원)

(장난감 값)= ☐ × ☐ = ☐ (원)

＞ 또는 ＜를 넣어 보세요.

동화책 값 → 장난감 값

따라서 ☐ 원 ＜ ☐ 원이므로

더 비싼 것은 ☐ 입니다. 답 _____

2. 두 상자에 들어 있는 구슬 수를 나타낸 것입니다. 더 많은 구슬이 들어 있는 상자는 어느 색 상자일까요?

이 순서만 기억하면 돼.
① 먼저 두 곱셈식을
   각각 계산해.
② 크기를 비교해.

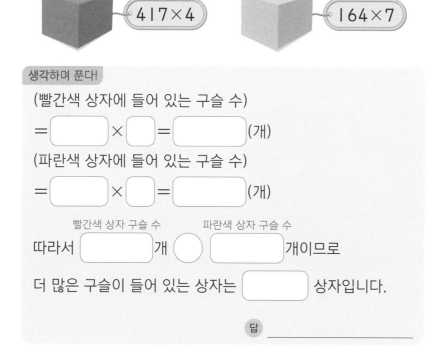

생각하며 푼다!

(빨간색 상자에 들어 있는 구슬 수)

= ☐ × ☐ = ☐ (개)

(파란색 상자에 들어 있는 구슬 수)

= ☐ × ☐ = ☐ (개)

빨간색 상자 구슬 수   파란색 상자 구슬 수

따라서 ☐ 개 ◯ ☐ 개이므로

더 많은 구슬이 들어 있는 상자는 ☐ 상자입니다.

답 _____

1. 길이가 ⑭64 cm인 색 테이프 ⑥개를 ⑳ cm씩 겹쳐서 한
줄로 이었습니다. 이어 붙인 색 테이프의 전체 길이는 몇
cm인가요?

> 🐭 속닥속닥
>
> 문제에서 숫자는 ◯,
> 조건 또는 구하는 것은 ___로
> 표시해 보세요.
>
> 1. 겹쳐서 이어 붙인 전체
>   길이는 색 테이프 6개의
>   길이의 합에서 겹쳐진 부
>   분의 길이의 합을 빼면 구
>   할 수 있어요.

생각하며 푼다!

(색 테이프 **6**개의 길이의 합)

= ☐ × 6 = ☐ (cm)

(겹쳐진 부분의 길이의 합)

┌ 겹쳐진 부분의 수

= 20 × ☐ = ☐ (cm)

(이어 붙인 색 테이프의 전체 길이)

색 테이프 6개의   겹쳐진 부분의
길이의 합 ┐   ┌ 길이의 합

= ☐ − ☐ = ☐ (cm)

답 _____

2. 길이가 ⑫27 cm인 색 테이프 ④개를 ㉟36 cm씩 겹쳐서 한
줄로 이었습니다. 이어 붙인 색 테이프의 전체 길이는 몇
cm인가요?

> 이건 헷갈리면 안 돼.
> (겹쳐진 부분의 수)
> =(색 테이프의 수)-1
>
>

생각하며 푼다!

(색 테이프 **4**개의 길이의 합)

= ☐ × ☐ = ☐ (cm)

(겹쳐진 부분의 길이의 합)

= 36 × ☐ = ☐ (cm)

(이어 붙인 색 테이프의 전체 길이)

= ☐ − ☐ = ☐ (cm)

답 _____

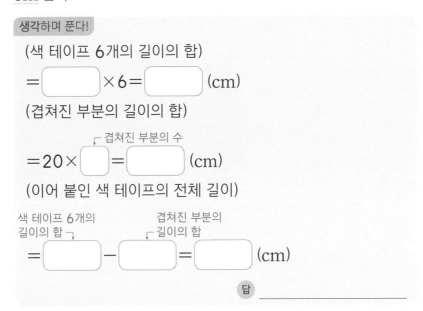

1. 어떤 수에 ⑦을 곱해야 할 것을 잘못하여 더했더니 ⑳93이 되었습니다. 바르게 계산하면 얼마일까요?

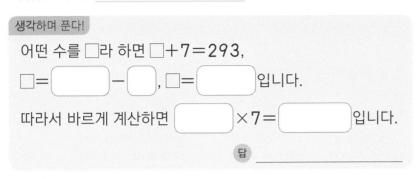

생각하며 푼다!

어떤 수를 □라 하면 □+7=293,

□=☐－☐, □=☐ 입니다.

따라서 바르게 계산하면 ☐×7=☐ 입니다.

답 _____

🐭 속닥속닥

문제에서 숫자는 ○,
조건 또는 구하는 것은 __로
표시해 보세요.

[문제 푸는 순서]

□를 사용하여 잘못
계산한 식 세우기

⬇

어떤 수 구하기

⬇

바르게 계산한 값 구하기

2. 어떤 수에 4를 곱해야 할 것을 잘못하여 더했더니 562가 되었습니다. 바르게 계산하면 얼마일까요?

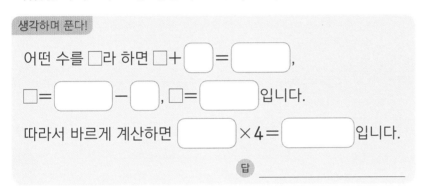

생각하며 푼다!

어떤 수를 □라 하면 □+☐=☐ ,

□=☐－☐, □=☐ 입니다.

따라서 바르게 계산하면 ☐×4=☐ 입니다.

답 _____

계산하기

🐱 도전~ 나 혼자 풀이 완성!

3. 어떤 수에 9를 곱해야 할 것을 잘못하여 더했더니 345가 되었습니다. 바르게 계산하면 얼마일까요?

생각하며 푼다!

답 _____

계산하기

1. 문구점에서 한 묶음에 ⑤⓪장씩 들어 있는 색종이를 ⑨⓪묶음 샀습니다. 문구점에서 산 색종이는 모두 몇 장일까요?

🐭 속닥속닥

문제에서 숫자는 ◯, 조건 또는 구하는 것은 ___로 표시해 보세요.

대표문제

> **생각하며 푼다!**
>
> (문구점에서 산 색종이 수)
> =(한 묶음에 들어 있는 색종이 수)×(산 묶음 수)
> = ⎡50⎤ × ⎡ ⎤ = ⎡ ⎤ (장)
>
> 답 _____

2. 하루는 몇 분일까요?

> **생각하며 푼다!**
>
> 하루는 ⎡ ⎤시간, 1시간은 ⎡ ⎤분입니다.
>
> 따라서 하루는 ⎡ ⎤×⎡ ⎤=⎡ ⎤(분)입니다.
>
> 답 _____

2. 24×6=144
   ↓
   24×60=1440

(몇십)×(몇십몇)
또는 (몇십몇)×
(몇십)은 암산으로
풀어도 되겠어.

3. 마트에 한 판에 30개씩 들어 있는 달걀이 72판 있습니다. 마트에 있는 달걀은 모두 몇 개일까요?

> **생각하며 푼다!**
>
> (마트에 있는 달걀 수)
> =(한 판에 들어 있는 달걀 수)×(달걀판 수)
> = ⎡ × = ⎤ (개)
>
> 답 _____

맞아!
(두 자리 수)×
(한 자리 수)의 계산
결과에 0을 1개 더
붙이면 되거든.

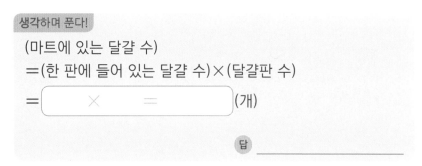

1. 영서네 반 학생은 ㉕명입니다. 한 명에게 색종이를 ⑥장씩 나누어 주려면 필요한 색종이는 모두 몇 장일까요?

😺 속닥속닥

문제에서 숫자는 ◯,
조건 또는 구하는 것은 ___로
표시해 보세요.

대표 문제

> **생각하며 푼다!**
>
> (필요한 색종이 수)
> =(한 명에게 나누어 줄 색종이 수)×(학생 수)
> =☐×☐=☐(장)
>
> 답 _____

계산하기

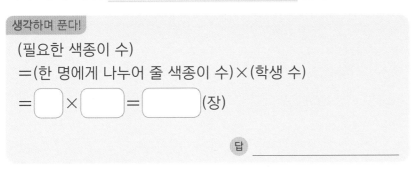

2. 운동장에 학생들이 한 줄에 8명씩 26줄로 서 있습니다. 줄을 선 학생은 모두 몇 명일까요?

> **생각하며 푼다!**
>
> (줄을 선 학생 수)
> =(한 줄에 선 학생 수)×(줄 수)
> =☐×☐=☐(명)
>
> 답 _____

계산하기

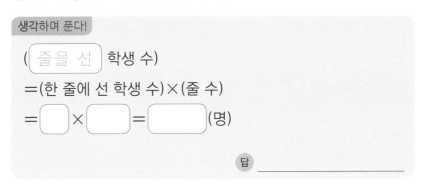

★3. 수현이는 하루에 영어 단어를 4개씩 외웠습니다. 3월 한 달 동안 외운 영어 단어는 모두 몇 개일까요?

3. 먼저 3월 한 달은 며칠인지 구해요.

> **생각하며 푼다!**
>
> 3월은 ☐일까지 있습니다.
> (3월 한 달 동안 외운 영어 단어 수)
> =(하루에 외운 영어 단어 수)×(날수)
> =☐ × ☐ =☐(개)
>
> 답 _____

1. 곳감이 한 상자에 (24)개씩 들어 있습니다. (17)상자에 들어 있는 곳감은 모두 몇 개일까요?

🐭 속닥속닥
문제에서 숫자는 ○,
조건 또는 구하는 것은 ___로
표시해 보세요.

대표 문제

생각하며 푼다!

(17상자에 들어 있는 곳감 수)
=(한 상자에 들어 있는 곳감 수)×(상자 수)
= ⬜ × ⬜ = ⬜ (개)

답 _____

계산하기

	⬜	⬜
×	⬜	⬜

2. 마트에서 한 상자에 12병씩 들어 있는 음료수를 86상자 팔았습니다. 판 음료수는 모두 몇 병일까요?

생각하며 푼다!

(판 음료수 수)
=(한 상자에 들어 있는 음료수 수)×(⬜)
= ⬜ × ⬜ = ⬜ (병)

답 _____

계산하기

	⬜	⬜
×	⬜	⬜

🐿️ 도전~ 나 혼자 풀이 완성!

3. 과자가 한 상자에 32개씩 들어 있습니다. 43상자에 들어 있는 과자는 모두 몇 개일까요?

생각하며 푼다!

답 _____

계산하기

	⬜	⬜
×	⬜	⬜

1. 어떤 수에 42를 곱해야 할 것을 잘못하여 더했더니 71이 되었습니다. 바르게 계산하면 얼마일까요?

🐭 속닥속닥

문제에서 숫자는 ○,
조건 또는 구하는 것은 __로
표시해 보세요.

[문제 푸는 순서]

☐를 사용하여 잘못
계산한 식 세우기

↓

어떤 수 구하기

↓

바르게 계산한 값 구하기

생각하며 푼다!

어떤 수를 ☐라 하면 ☐+42=71, ☐= $\boxed{71}$ − ☐,

☐= ☐ 입니다.

따라서 바르게 계산하면 ☐ ×42= ☐ 입니다.

답 _____

2. 어떤 수에 58을 곱해야 할 것을 잘못하여 뺐더니 16이 되었습니다. 바르게 계산하면 얼마일까요?

생각하며 푼다!

어떤 수를 ☐라 하면 ☐−58= ☐ ,

☐= ☐ + ☐ , ☐= ☐ 입니다.

따라서 바르게 계산하면 ☐ ×58= ☐ 입니다.

답 _____

계산하기

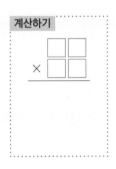

🐱 도전~ 나 혼자 풀이 완성!

3. 어떤 수에 23을 곱해야 할 것을 잘못하여 더했더니 82가 되었습니다. 바르게 계산하면 얼마일까요?

생각하며 푼다!

답 _____

계산하기

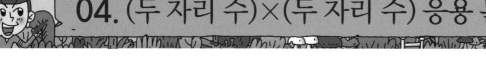

1. 1부터 9까지의 수 중에서 □ 안에 들어갈 수 있는 가장 작은 수는 얼마일까요?

$$36 × \square 0 > 1400$$

생각하며 푼다!

□ 안에 3, 4를 넣어 크기를 비교합니다.

$36 × \boxed{3} 0 = \boxed{1080} \enspace \boxed{<} \enspace 1400,$

$36 × \boxed{4} 0 = \boxed{} \enspace \bigcirc \enspace 1400$입니다.

따라서 □ 안에 들어갈 수 있는 가장 작은 수는 □ 입니다.

답 _____

🐭 속닥속닥

1. 곱을 어림하여 □ 안에 적당한 수를 넣어 계산해 보고 알맞은 수를 찾아요.
   → □ 안에 들어갈 수가 4와 같거나 4보다 크면 식이 성립하는 것을 알 수 있어요.

2. □ 안에 들어갈 수 있는 수 중에서 가장 큰 수는 얼마일까요?

$$\square × 54 < 8 × 36$$

생각하며 푼다!

□ 안에 5, 6을 넣어 크기를 비교합니다.

$\boxed{5} × 54 = \boxed{} < 8 × 36 = \boxed{},$

$\boxed{6} × 54 = \boxed{} > 8 × 36 = \boxed{}$입니다.

따라서 □ 안에 들어갈 수 있는 가장 큰 수는 □ 입니다.

답 _____

2. 먼저 8×36의 값을 구한 후 이 값보다 작으면서 □ 안에 들어갈 수가 가장 큰 수를 찾아요.
   → □ 안에 들어갈 수가 5와 같거나 5보다 작으면 식이 성립하는 것을 알 수 있어요.

3. 1부터 9까지의 수 중에서 □ 안에 들어갈 수 있는 가장 작은 수는 얼마일까요?

$$72 × \square 0 > 4000$$

_____

1. 수 카드를 한 번씩만 사용하여 (두 자리 수)×(두 자리 수)의 곱이 가장 큰 곱셈식을 만들어 보세요.

③ ⑥ ⑧   □□×4□

생각하며 푼다!

가장 큰 수 ⑧ 을 십의 자리에 놓아 곱셈식을 만들면

⑧ ⑥ ×4□ = [   ] ,

□□ ×4□ = [   ] 입니다.

따라서 곱이 가장 큰 곱셈식은

[ ] × [ ] = [   ] 입니다.

답 _____

2. 수 카드를 한 번씩만 사용하여 (두 자리 수)×(두 자리 수)의 곱이 가장 큰 곱셈식을 만들어 보세요.

② ⑤ ⑦   □□×8□

생각하며 푼다!

가장 큰 수 [ ] 을 십의 자리에 놓아 곱셈식을 만들면

⑦ ⑤ ×8□ = [   ] ,

□□ ×8□ = [   ] 입니다.

따라서 곱이 가장 큰 곱셈식은

[× =] 입니다.

답 _____

계산하기

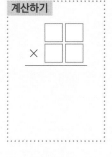

계산하기

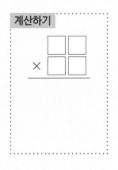

⭐ 수 카드 4장을 한 번씩만 사용하여 (두 자리 수)×(두 자리 수)
의 곱이 가장 큰 곱셈식을 만들어 보세요.

1.

| 1 | 6 | 5 | 9 |

생각하며 푼다!

네 수의 크기를 비교하면 ⑨ > ⑥ > ☐ > ☐ 이므로

두 자리 수의 십의 자리에 놓아야 할 수 카드는 ⑨ 또는 ☐
입니다. 이 수 카드를 각각 십의 자리에 놓아 곱셈식을 만들면

⑨⑤ × ☐ = ☐ ,

☐ × ☐ = ☐ 입니다.

따라서 곱이 가장 큰 곱셈식은

☐ × ☐ = ☐ 입니다.

답 _____

(두 자리 수)×
(두 자리 수)의 곱이
가장 큰 곱셈식을
만드는 방법은?

2.

| 2 | 4 | 8 | 7 |

생각하며 푼다!

네 수의 크기를 비교하면 ⑧ > ☐ > ☐ > ☐ 이므로

두 자리 수의 십의 자리에 놓아야 할 수 카드는 ⑧ 또는 ☐
입니다. 이 수 카드를 각각 십의 자리에 놓아 곱셈식을 만들면

⑧④ × ☐ = ☐ ,

☐ × ☐ = ☐ 입니다.

따라서 곱이 가장 큰 곱셈식은

☐ × ☐ = ☐ 입니다.

답 _____

이것만 외우면 돼.
㉠>㉡>㉢>㉣일
때 곱이 가장 큰
곱셈식은
㉠㉣ × ㉡㉢
이야.

★ 수 카드 4장을 한 번씩만 사용하여 (두 자리 수)×(두 자리 수)의 곱이 가장 작은 곱셈식을 만들어 보세요.

🐭 속닥속닥

1.

| 8 | 3 | 5 | 2 |

생각하며 푼다!

네 수의 크기를 비교하면 $2 < 3 <$ ☐ $<$ ☐ 이므로

두 자리 수의 십의 자리에 놓아야 할 수 카드는 2 또는 ☐

입니다. 이 수 카드를 각각 십의 자리에 놓아 곱셈식을 만들면

$25 ×$ ☐ $=$ ☐ ,

☐ $×$ ☐ $=$ ☐ 입니다.

따라서 곱이 가장 작은 곱셈식은

☐ $×$ ☐ $=$ ☐ 입니다.

답 _____

(두 자리 수)×
(두 자리 수)의 곱이
가장 작은 곱셈식을
만드는 방법은?

2.

| 7 | 4 | 9 | 1 |

생각하며 푼다!

네 수의 크기를 비교하면 $1 <$ ☐ $<$ ☐ $<$ ☐ 이므로

두 자리 수의 십의 자리에 놓아야 할 수 카드는 1 또는 ☐

입니다. 이 수 카드를 각각 십의 자리에 놓아 곱셈식을 만들면

$17 ×$ ☐ $=$ ☐ ,

☐ $×$ ☐ $=$ ☐ 입니다.

따라서 곱이 가장 작은 곱셈식은

☐ $×$ ☐ $=$ ☐ 입니다.

답 _____

이것만 외우면 돼.
㉠<㉡<㉢<㉣일
때 곱이 가장 작은
곱셈식은
㉠㉢ × ㉡㉣
이야.

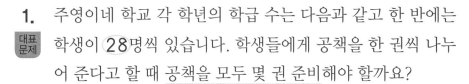

05. (두 자리 수)×(두 자리 수) 실전 문장제

1. 주영이네 학교 각 학년의 학급 수는 다음과 같고 한 반에는
학생이 ⃝28명씩 있습니다. 학생들에게 공책을 한 권씩 나누어 준다고 할 때 <u>공책을 모두 몇 권 준비해야</u> 할까요?

 속닥속닥

문제에서 숫자는 ⃝,
조건 또는 구하는 것은 ___로
표시해 보세요.

학년	1	2	3	4	5	6
학급 수(반)	⑤	⑤	⑤	⑥	⑥	⑥

생각하며 푼다!

전체 학급 수는 ☐ 반입니다.

(준비해야 할 공책 수)=(전체 학급 수)×(한 반의 학생 수)

= ☐ × ☐ = ☐ (권)

답 _____

1. 표에서 학급 수를 모두
더하면 (전체 학급 수)를
구할 수 있어요.

계산하기

☐☐
×☐☐

2. 민석이네 반 남학생은 16명이고, 여학생은 19명입니다. 민석이네 반 학생들에게 카드를 36장씩 나누어 준다고 할 때 카드를 모두 몇 장 준비해야 할까요?

생각하며 푼다!

전체 학생 수는 ☐ 명입니다.

(준비해야 할 카드 수)
=(전체 학생 수)×(한 학생에게 나누어 줄 카드 수)
= ☐ × ☐ = (장)

답 _____

2. 남학생 수와 여학생 수를
더하면 (전체 학생 수)를
구할 수 있어요.

계산하기

☐☐
×☐☐

3. 성훈이는 과학책을 매일 16쪽씩 읽습니다. 성훈이가 3월과 4월 두 달 동안 읽은 과학책은 모두 몇 쪽일까요?

_____

3. 3월의 날수와 4월의 날
수를 더하면 (읽은 날수)
를 구할 수 있어요.

1. 서연이는 동화책을 하루에 ⟨25⟩쪽씩 읽으려고 합니다. ⟨6주⟩ 동안 읽을 수 있는 동화책은 모두 몇 쪽일까요?

> **생각하며 푼다!**
>
> 6주는 [ ]일입니다.
>
> (6주 동안 읽을 수 있는 동화책 쪽수)
> =(하루에 읽는 동화책 쪽수)×(날수)
> =[ ]×[ ]=[ ](쪽)
>
> 답 _____

🐭 **속닥속닥**

문제에서 숫자는 ○,
조건 또는 구하는 것은 ＿로
표시해 보세요.

1. 1주일은 7일이므로 6주는
6×7=42(일)이에요.

1주일=7일이니까
몇주가 되든 7을
곱하면 며칠임을
쉽게 구할 수 있어.

2. 준서는 수학 문제를 하루에 15문제씩 풀었습니다. 3주 동안 푼 수학 문제는 모두 몇 문제일까요?

> **생각하며 푼다!**
>
> 3주는 [ ]일입니다.
>
> (3주 동안 푼 수학 문제 수)
> =(하루에 푼 수학 문제 수)×(날수)
> =[× =](문제)
>
> 답 _____

계산하기

🐱 도전~ 나 혼자 풀이 완성!

3. 재현이는 윗몸 일으키기를 하루에 13회씩 하였습니다. 4주 동안 한 윗몸 일으키기는 모두 몇 회일까요?

> **생각하며 푼다!**
>
>
>
> 답 _____

계산하기

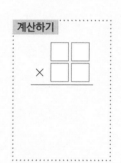

1. 50원짜리 동전을 경원이는 (18)개 모았고, 주환이는 (26)개
대표
문제 모았습니다. 두 사람이 모은 돈은 모두 얼마일까요?

 속닥속닥

문제에서 숫자는 ◯,
조건 또는 구하는 것은 ___로
표시해 보세요.

1. 경원이와 주환이가 모은
   돈을 각각 구한 다음 더
   해 줘요.

생각하며 푼다!

(경원이가 모은 돈)= 50 × ⬜ = ⬜ (원)

(주환이가 모은 돈)= ⬜ × ⬜ = ⬜ (원)

따라서 두 사람이 모은 돈은 모두

경원 ⬜ + 주환 ⬜ = ⬜ (원)입니다.

답 _____

2. 체육관에 남학생이 한 줄에 15명씩 27줄로, 여학생이 18
명씩 24줄로 서 있습니다. 체육관에 서 있는 학생은 모두
몇 명일까요?

2. 남학생 수와 여학생 수를
   각각 구한 다음 더해 줘요.

이 문제의 핵심은
각각 구한 다음
그 결과를 더해
주는 거야.

생각하며 푼다!

(남학생 수)= 15 × ⬜ = ⬜ (명)

(여학생 수)= ⬜ × ⬜ = ⬜ (명)

따라서 체육관에 서 있는 학생은 모두

남학생 수 여학생 수
⬜ + ⬜ = ⬜ (명)입니다.

답 _____

3. 하루에 딸기 와플을 67개씩 만드는 기계와 생크림 와플을
83개씩 만드는 기계가 있습니다. 이 두 기계로 46일 동안
와플을 모두 몇 개 만들 수 있을까요?

3. 딸기 와플과 생크림 와플
   의 수를 각각 구한 다음
   더해 줘요.

_____

1. 색종이가 25장씩 70묶음, 도화지가 30장씩 46묶음 있
습니다. 어느 것이 몇 장 더 많을까요?

속닥속닥

문제에서 숫자는 ○,
조건 또는 구하는 것은 ___로
표시해 보세요.

이 문제의 핵심은
각각 구한 다음 그
결과를 빼 주는 거야.

생각하며 푼다!

(색종이 수)= 25 × ☐ = ☐ (장)

(도화지 수)= ☐ × ☐ = ☐ (장)

따라서 ☐ 가 ☐ − ☐ = ☐ (장)
더 많습니다.

답 _____ , _____

2. 한 상자에 24개씩 들어 있는 망고 63상자와 한 상자에 42
개씩 들어 있는 사과 35상자가 있습니다. 어느 과일이 몇
개 더 많을까요?

생각하며 푼다!

(망고 수)= ☐ × ☐ = ☐ (개)

(사과 수)= ☐ × ☐ = ☐ (개)

따라서 ☐ 가 ☐ − ☐ = ☐ (개)
더 많습니다.

답 _____ , _____

계산하기

3. 윤서는 동화책을 하루에 14쪽씩 27일 동안 읽었고, 지후
는 동화책을 하루에 18쪽씩 22일 동안 읽었습니다. 누가
동화책을 몇 쪽 더 많이 읽었을까요?

_____ , _____

계산하기

1. 곱셈

1. 초코바가 한 상자에 128개씩 들어 있습니다. 7상자에 들어 있는 초코바는 모두 몇 개일까요?

( )

2. 종민이는 둘레가 954 m인 운동장을 3바퀴 걸었습니다. 종민이가 걸은 거리는 모두 몇 m일까요?

( )

3. 주차장에 두발자전거가 358대, 세발자전거가 192대 있습니다. 두발자전거와 세발자전거의 바퀴는 모두 몇 개일까요?

( )

4. 운동장에 학생들이 한 줄에 20명씩 37줄로 서 있습니다. 줄을 선 학생은 모두 몇 명일까요?

( )

5. 어떤 수에 27을 곱해야 할 것을 잘못하여 뺐더니 46이 되었습니다. 바르게 계산하면 얼마일까요?

( )

6. 길이가 63 cm인 색 테이프 15개를 12 cm씩 겹쳐서 한 줄로 이었습니다. 이어 붙인 색 테이프의 전체 길이는 몇 cm인가요? (20점)

( )

7. 승민이는 윗몸 일으키기를 하루에 16회씩 하였습니다. 5주 동안 한 윗몸 일으키기는 모두 몇 회일까요?

( )

8. 수 카드 4장을 한 번씩만 사용하여 (두 자리 수)×(두 자리 수)의 곱셈식을 만들 때 곱이 가장 큰 곱셈식과 곱이 가장 작은 곱셈식을 만들어 보세요. (20점)

2 4 5 7

곱이 가장 큰 곱셈식

( )

곱이 가장 작은 곱셈식

( )

둘째 마당

나 혼자 풀이 과정을 완성하는

나눗셈

1학기 때는 나머지가 없는 나누어떨어지는 나눗셈만 배웠는데,
2학기 때는 **'나머지'가 있는 나눗셈**까지 배웁니다.
생활 속 상황을 떠올리며 나머지가 있는 나눗셈까지
문장제로 연습해 보세요.

물건을 똑같이 나눌 때 남는 경우가 있죠.
남는 것이 바로 나머지예요.

06. (몇십)÷(몇), (몇십몇)÷(몇) 기본 문장제

속닥속닥

문제에서 숫자는 ○,
조건 또는 구하는 것은 ___로
표시해 보세요.

1. 사탕 ④0개를 ②명에게 똑같이 나누어 주려고 합니다. 사탕을 한 명에게 몇 개씩 줄 수 있을까요?

대표문제

생각하며 푼다!

(한 명에게 나누어 줄 사탕 수)

＝(전체 사탕 수)÷(사람 수)

＝ [　] ÷ [　] ＝ [　] (개)

답 _____

계산하기

[2) 4 0]

2. 색종이 90장을 3명이 똑같이 나누어 가지려고 합니다. 한 명이 색종이를 몇 장씩 가질 수 있을까요?

생각하며 푼다!

(한 명이 가지는 색종이 수)

＝(전체 색종이 수)÷(사람 수)

＝ [　] ÷ [　] ＝ [　] (장)

답 _____

계산하기

[　) 　 　]

★**3.** 장미 48송이와 카네이션 32송이를 꽃병 8개에 똑같이 나누어 꽂으려고 합니다. 꽃병 한 개에 꽃을 몇 송이씩 꽂아야 할까요?

전체 꽃의 수를
먼저 구해야 해.

생각하며 푼다!

전체 꽃의 수는 [　] ＋ [　] ＝ [　] (송이)입니다.

(꽃병 한 개에 꽂아야 할 꽃 수)

＝(전체 꽃 수)÷(꽃병 수)

＝ [　 ÷ 　 ＝ 　] (송이)

답 _____

계산하기

[　) 　 　]

1. 책 ③0권을 책꽂이 ②개에 똑같이 나누어 꽂으려고 합니다.

대표문제 책꽂이 한 칸에 책을 몇 권씩 꽂아야 할까요?

🐭 속닥속닥

문제에서 숫자는◯,
조건 또는 구하는 것은 ＿로
표시해 보세요.

생각하며 푼다!

(책꽂이 한 칸에 꽂아야 할 책 수)

=(전체 책 수)÷(책꽂이 수)

= ☐ ÷ ☐ = ☐ (권)

답 ＿＿＿＿＿＿＿＿＿

계산하기

☐)☐☐

2. 과일맛 사탕과 땅콩맛 사탕이 모두 **70**개 있습니다. 한 명에게 사탕을 **5**개씩 주면 몇 명에게 나누어 줄 수 있을까요?

생각하며 푼다!

(나누어 줄 사람 수)

=(전체 사탕 수)÷(한 명에게 나누어 줄 사탕 수)

= ☐ ÷ ☐ = ☐ (명)

답 ＿＿＿＿＿＿＿＿＿

계산하기

☐)☐☐

전체 학생 수를
먼저 구해야 해.

★3. 운동장에 남학생 **47**명과 여학생 **43**명이 있습니다. 학생들이 한 줄에 **6**명씩 서면 몇 줄이 될까요?

생각하며 푼다!

전체 학생 수는 ☐ + ☐ = ☐ (명)입니다.

(줄수)

=(전체 학생 수)÷(한 줄에 설 학생 수)

= ☐ ÷ ☐ (줄)

답 ＿＿＿＿＿＿＿＿＿

계산하기

☐)☐☐

1. 도넛이 한 상자에 ⑩개씩 ⑤상자 있습니다. 도넛을 한 명에게 ②개씩 준다면 몇 명에게 나누어 줄 수 있을까요?

🐭 **속닥속닥**

문제에서 숫자는 ○,
조건 또는 구하는 것은 ___로
표시해 보세요.

대표문제

생각하며 푼다!

(나누어 줄 사람 수)
=(전체 도넛 수)÷(한 명에게 나누어 줄 도넛 수)
= ☐ ÷ ☐ = ☐ (명)

답 _____

1. 10개씩 5상자는 50개예요.

계산하기

☐) ☐☐

2. 색연필이 한 묶음에 ⑩자루씩 ⑥묶음 있습니다. 색연필을 한 명에게 ④자루씩 준다면 몇 명에게 나누어 줄 수 있을까요?

생각하며 푼다!

(나누어 줄 사람 수)
=(전체 색연필 수)÷(한 명에게 나누어 줄 색연필 수)
= ☐ ÷ ☐ = ☐ (명)

답 _____

2. 10자루씩 6묶음은 60자루예요.

계산하기

☐) ☐☐

3. 달걀이 ⑩개씩 ⑨판 있습니다. 하루에 ⑤개씩 먹으면 며칠 동안 먹을 수 있을까요?

생각하며 푼다!

(먹을 수 있는 날수)
=(전체 달걀 수)÷(하루에 먹을 달걀 수)
= ☐ ÷ ☐ = ☐ (일)

답 _____

3. 10개씩 9판의 수를 먼저 구해 보세요.

계산하기

☐) ☐☐

1.
대표문제
학생 ③3명이 ③모둠으로 똑같이 나누어 게임을 하려고 합니다. 한 모둠의 학생은 몇 명이 될까요?

😺 속닥속닥

문제에서 숫자는 ◯,
조건 또는 구하는 것은 ___로
표시해 보세요.

> **생각하며 푼다!**
>
> (한 모둠의 학생 수)
> =(전체 학생 수)÷(모둠 수)
> =☐÷☐=☐ (명)
>
> 답 _____

계산하기

☐⟌☐☐

2. 지우개 62개를 2상자에 똑같이 나누어 담으려고 합니다. 한 상자에 지우개를 몇 개씩 담을 수 있을까요?

> **생각하며 푼다!**
>
> (한 상자에 담을 수 있는 지우개 수)
> =(전체 지우개 수)÷(상자 수)
> =☐÷☐=☐ (개)
>
> 답 _____

계산하기

☐⟌☐☐

3. 구슬 48개를 한 명에게 4개씩 주려고 합니다. 구슬을 몇 명에게 나누어 줄 수 있을까요?

> **생각하며 푼다!**
>
> (나누어 줄 사람 수)
> =(전체 구슬 수)÷(한 명에게 나누어 줄 구슬 수)
> =☐ ÷ ☐ = ☐ (명)
>
> 답 _____

계산하기

☐⟌☐☐

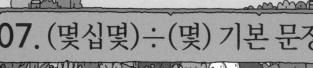

07. (몇십몇)÷(몇) 기본 문장제

1. 애견 센터에 있는 강아지들의 다리를 세어 보니 ⑤⑥개였습니다. 강아지는 모두 몇 마리일까요?

대표문제

생각하며 푼다!
(강아지 수)
=(전체 강아지 다리 수)÷(강아지 한 마리의 다리 수)
= ⬜ ÷ ⬜ = ⬜ (마리)

답 _____

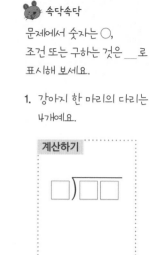

🐭 **속닥속닥**

문제에서 숫자는 ○,
조건 또는 구하는 것은 ＿로
표시해 보세요.

1. 강아지 한 마리의 다리는
   4개예요.

계산하기

⬜)⬜⬜

2. 네 변의 길이의 합이 92 cm인 정사각형의 한 변의 길이는 몇 cm일까요?

생각하며 푼다!
(정사각형의 한 변의 길이)
=(네 변의 길이의 합)÷(변의 수)
= ⬜ ÷ ⬜ = ⬜ (cm)

답 _____

2. 정사각형의 네 변의 길이
   는 모두 같아요.

계산하기

⬜)⬜⬜

3. 91쪽짜리 동화책을 일주일 동안 똑같이 나누어 읽으려고 합니다. 동화책을 하루에 몇 쪽씩 읽어야 할까요?

생각하며 푼다!
(하루에 읽어야 할 동화책 쪽수)
=(전체 동화책 쪽수)÷(날수)
= ⬜ ÷ ⬜ = ⬜ (쪽)

답 _____

계산하기

⬜)⬜⬜

1.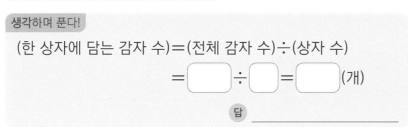

대표문제 감자 65개를 5상자에 똑같이 나누어 담으려고 합니다. 한 상자에 몇 개씩 담아야 할까요?

🐭 속닥속닥

문제에서 숫자는 ○,
조건 또는 구하는 것은 ___로
표시해 보세요.

생각하며 푼다!

(한 상자에 담는 감자 수)=(전체 감자 수)÷(상자 수)

= ☐ ÷ ☐ = ☐ (개)

답 _____

계산하기

☐ ⟌ ☐☐

2. 스티커 52장을 한 명에게 4장씩 나누어 주려고 합니다. 스티커를 몇 명에게 나누어 줄 수 있을까요?

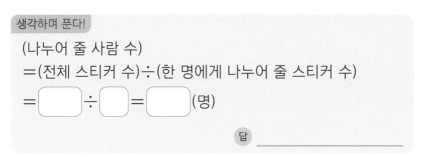

생각하며 푼다!

(나누어 줄 사람 수)
=(전체 스티커 수)÷(한 명에게 나누어 줄 스티커 수)
= ☐ ÷ ☐ = ☐ (명)

답 _____

계산하기

☐ ⟌ ☐☐

3. 야구공 84개를 7개의 통에 똑같이 나누어 담으려고 합니다. 한 통에 야구공을 몇 개씩 담아야 할까요?

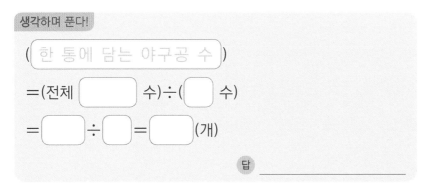

생각하며 푼다!

(한 통에 담는 야구공 수)

=(전체 ☐ 수)÷(☐ 수)

= ☐ ÷ ☐ = ☐ (개)

답 _____

계산하기

☐ ⟌ ☐☐

1. 호두과자 ⑰개를 한 명에게 ③개씩 주려고 합니다. 호두과
자를 몇 명에게 나누어 줄 수 있고 몇 개가 남을까요?

대표
문제

🐭 속닥속닥

문제에서 숫자는 ◯,
조건 또는 구하는 것은 ___로
표시해 보세요.

① **나머지**: 나눗셈에서 나누
어떨어지지 않는 양

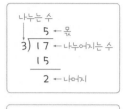

② 나머지는 나누는 수(3)보
다 작아야 해요.

③ 나누는 수와 몫의 곱에 나
머지를 더하면 나누어지
는 수가 되어야 해요.

> **생각하며 푼다!**
>
>   몫   나머지
> ▢ ÷ ▢ = ▢ … ▢ 입니다.
>
> 따라서 ▢명에게 나누어 줄 수 있고 호두과자는 ▢개가
> 남습니다.
>
> 답 _____ 명 , _____ 개

2. 색종이 36장을 5명이 똑같이 나누어 사용하려고 합니다. 한
명이 색종이를 몇 장씩 사용할 수 있고 몇 장이 남을까요?

> **생각하며 푼다!**
>
>   몫   나머지
> ▢ ÷ ▢ = ▢ … ▢ 입니다.
>
> 따라서 색종이를 ▢장씩 사용할 수 있고 ▢장이 남습니다.
>
> 답 _____ , _____

3. 망고 6l개를 바구니 한 개에 8개씩 담아 포장하려고 합니
다. 필요한 바구니는 몇 개이고 망고는 몇 개가 남을까요?

> **생각하며 푼다!**
>
> ▢ ÷ ▢ = ▢ … ▢ 입니다.
>
> 따라서 [____]는 ▢개이고 [____]는 ▢개가
> 남습니다.
>
> 답 _____ , _____

계산하기

▢)▢▢

1. 공책 ㊵권을 한 명에게 ⑥권씩 주려고 합니다. 공책을 몇
명에게 나누어 줄 수 있고 몇 권이 남을까요?

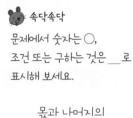 속닥속닥

문제에서 숫자는 ○,
조건 또는 구하는 것은 ___로
표시해 보세요.

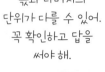

몫과 나머지의
단위가 다를 수 있어.
꼭 확인하고 답을
써야 해.

생각하며 푼다!

☐ ÷ ☐ = ☐ … ☐ 입니다.

따라서 ☐ 명에게 나누어 줄 수 있고 공책은 ☐ 권이 남습
니다.

답 _____ , _____

2. 탁구공 45개를 한 모둠에 7개씩 나누어 주려고 합니다. 몇
모둠까지 나누어 줄 수 있고 몇 개가 남을까요?

생각하며 푼다!

☐ ÷ ☐ = ☐ … ☐ 입니다.

따라서 ☐ 모둠까지 나누어 줄 수 있고 ☐ 은 ☐ 개가
남습니다.

답 _____ , _____

계산하기

☐) ☐☐

3. 애플파이 31개를 한 상자에 4개씩 넣어 포장하려고 합니
다. 필요한 상자는 몇 상자이고 애플파이는 몇 개가 남을
까요?

생각하며 푼다!

☐ ÷ ☐ = 몫 ☐ … 나머지 ☐ 입니다.

따라서 ☐ 는 ☐ 상자이고 ☐ 는

☐ 개가 남습니다.

답 _____ , _____

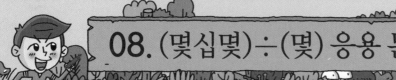

08. (몇십몇)÷(몇) 응용 문장제

1. 공깃돌 ㉟개를 ②명에게 똑같이 나누어 주려고 합니다. 공
대표문제 깃돌을 한 명에게 몇 개씩 줄 수 있고 몇 개가 남을까요?

> **생각하며 푼다!**
>
> ☐ ÷ ☐ = ☐ … ☐ 입니다.
>
> 따라서 공깃돌을 ☐ 개씩 줄 수 있고 ☐ 개가 남습니다.
>
> 답 ＿＿＿＿＿＿＿＿＿ , ＿＿＿＿＿＿＿＿＿

🐭 속닥속닥

문제에서 숫자는 ◯,
조건 또는 구하는 것은 ＿＿로
표시해 보세요.

1.   35÷2=17…1

     2×17=34 → 34+1=35

나누는 수와 몫의
곱에 나머지를
더하면 나누어지는
수가 되어야 해.
맞게 계산했는지
확인해 봐.

2. 젤리 77개를 6명에게 똑같이 나누어 주려고 합니다. 젤리
를 한 명에게 몇 개씩 줄 수 있고 몇 개가 남을까요?

> **생각하며 푼다!**
>
> ☐ ÷ ☐ = ☐ … ☐ 입니다.
>
> 따라서 젤리를 ☐ 개씩 줄 수 있고 ☐ 개가 남습니다.
>
> 답 ＿＿＿＿＿＿＿＿＿ , ＿＿＿＿＿＿＿＿＿

계산하기

☐)☐☐

★3. 연필 한 타는 12자루입니다. 연필 7타를 학생 한 명에게 5
자루씩 나누어 주려고 합니다. 연필을 몇 명에게 나누어 줄
수 있고 몇 자루가 남을까요?

> **생각하며 푼다!**
>
> 연필 7타는 12 × ☐ = ☐ (자루)입니다.
>
> ☐ ÷ ☐ = ☐ … ☐ 이므로 연필을 ☐ 명에게
>
> 나누어 줄 수 있고 ☐ 자루가 남습니다.
>
> 답 ＿＿＿＿＿＿＿＿＿ , ＿＿＿＿＿＿＿＿＿

계산하기

☐)☐☐

1. 배 ⓤ⑤개를 한 봉지에 ③개씩 담아 팔려고 합니다. 배를 몇 봉지까지 팔 수 있고 몇 개가 남을까요?

대표 문제

 속닥속닥

문제에서 숫자는 ○,
조건 또는 구하는 것은 ___로
표시해 보세요.

생각하며 푼다!

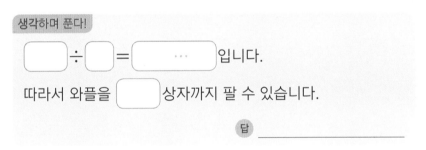

따라서 배를 [ ] 봉지까지 팔 수 있고 [ ] 개가 남습니다.

답 _____ , _____

1. 남는 배는 팔 수 없으므로 팔 수 있는 배 봉지 수는 나눗셈의 몫과 같아요.

2. 와플 70개를 한 상자에 4개씩 담아 팔려고 합니다. 와플을 몇 상자까지 팔 수 있을까요?

2. 남는 와플은 팔 수 없으므로 팔 수 있는 와플 상자 수는 나눗셈의 몫과 같아요.

생각하며 푼다!

[ ] ÷ [ ] = [···] 입니다.

따라서 와플을 [ ] 상자까지 팔 수 있습니다.

답 _____

 도전~ 나 혼자 풀이 완성!

3. 오이 94개를 한 봉지에 8개씩 담아 팔려고 합니다. 오이를 몇 봉지까지 팔 수 있을까요?

아하! 팔 수 있는 봉지 수 또는 상자 수는 나눗셈의 몫을 생각하면 되네.

생각하며 푼다!

답 _____

1. 사과 ⑧⑥개를 바구니에 담으려고 합니다. 바구니 한 개에 ⑦
개까지 담을 수 있을 때 사과를 남김없이 모두 담으려면 바
구니는 적어도 몇 개가 필요할까요?

🐭 **속닥속닥**

문제에서 숫자는 ○,
조건 또는 구하는 것은 __로
표시해 보세요.

1. 모두 담으려면 남은 사과
   까지 담을 바구니도 필요
   해요.

생각하며 푼다!

□ ÷ □ = □ … □ 이므로

사과는 바구니 □ (몫) 개에 담고 □ (나머지) 개가 남습니다.

따라서 남은 □ (나머지) 개를 담을 바구니가 한 개 더 필요하므로

바구니는 적어도 □ (몫) + 1 = □ (개)가 필요합니다.

답 _____

2. 장난감 비행기 69개를 상자에 담으려고 합니다. 한 상자에
5개까지 담을 수 있을 때 장난감 비행기를 남김없이 모두
담으려면 상자는 적어도 몇 상자가 필요할까요?

생각하며 푼다!

□ ÷ □ = □ … □ 이므로

장난감 비행기는 □ 상자에 담고 □ 개가 남습니다.

따라서 남은 □ 개를 담을 상자가 한 상자 더 필요하므로

상자는 적어도 □ + 1 = □ (상자)가 필요합니다.

답 _____

계산하기

□)□□

1. 빵 ⟨90⟩개를 ⟨8⟩상자에 똑같이 나누어 담으려고 합니다. 남김
없이 모두 나누어 담으려면 빵은 적어도 몇 개 더 필요할까요?

대표
문제

> **생각하며 푼다!**
>
> ☐ ÷ ☐ = ☐ ⋯ ☐ 이므로
>
> 빵은 ☐ 개씩 나누어 담고 ☐ 개가 남습니다.
>
> 따라서 남은 ☐ 개도 담아야 하므로 빵은 적어도
>
> 상자 수 남은 빵 수
> ⑧ − ☐ = ☐ (개) 더 필요합니다.
>
> 답 _____

2. 사탕 81개를 6명에게 똑같이 나누어 주려고 합니다. 남김
없이 모두 나누어 주려면 사탕은 적어도 몇 개 더 필요할까요?

> **생각하며 푼다!**
>
> ☐ ÷ ☐ = ☐ ⋯ ☐ 이므로 사탕은 ☐ 개씩
>
> 나누어 주고 ☐ 개가 남습니다.
>
> 따라서 남은 ☐ 개도 주어야 하므로 사탕은 적어도
>
> 사람 수 남은 사탕 수
> ☐ − ☐ = ☐ (개) 더 필요합니다.
>
> 답 _____

3. 딸기 44개를 3접시에 똑같이 나누어 담으려고 합니다. 남
김없이 모두 나누어 담으려면 딸기는 적어도 몇 개 더 필요
할까요?

_____

🐭 **속닥속닥**

문제에서 숫자는 ○,
조건 또는 구하는 것은 ___로
표시해 보세요.

1. (상자 수)−(남은 빵 수)
만큼의 빵이 더 있으면
남김없이 모두 나누어 담
을 수 있어요.

2. (사람 수)−(남은 사탕 수)
만큼의 사탕이 더 있으면
남김없이 모두 나누어 줄
수 있어요.

「빵을 남김없이~」,
「사탕을 남김없이~」,
「딸기를 남김없이~」
모두 담으려면
부족한 수만큼
채워 주면 돼.
(나누는 수)−
(나머지)가 더
필요한 수야.

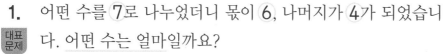

09. (몇십몇)÷(몇) 실전 문장제

1.

대표 문제 어떤 수를 ⑦로 나누었더니 몫이 ⑥, 나머지가 ④가 되었습니다. 어떤 수는 얼마일까요?

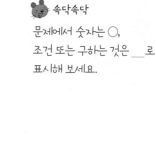

속닥속닥

문제에서 숫자는 ○, 조건 또는 구하는 것은 ＿로 표시해 보세요.

생각하며 푼다!

어떤 수를 □라 하면 □÷7=6…4에서

$7 \times \underset{\text{몫}}{6} = \boxed{}, \boxed{} + \underset{\text{나머지}}{4} = \square, \square = \boxed{}$ 입니다.

따라서 어떤 수는 $\boxed{}$ 입니다.

답 ＿＿＿＿＿＿＿＿

2. 어떤 수를 3으로 나누었더니 몫이 9, 나머지가 2가 되었습니다. 어떤 수는 얼마일까요?

이것만 기억하면 돼. 어떤 수를 □라 하고 나눗셈식을 세워 봐.

생각하며 푼다!

어떤 수를 □라 하면 □÷3=$\boxed{}$…$\boxed{}$에서

$3 \times \underset{\text{몫}}{9} = \boxed{}, \boxed{} + \underset{\text{나머지}}{\boxed{}} = \square, \square = \boxed{}$ 입니다.

따라서 어떤 수는 $\boxed{}$ 입니다.

답 ＿＿＿＿＿＿＿＿

 도전~ 나 혼자 풀이 완성!

3. 어떤 수를 6으로 나누었더니 몫이 8, 나머지가 5가 되었습니다. 어떤 수는 얼마일까요?

그런 다음 (나누는 수)×(몫)의 결과에 (나머지)를 더하면 □를 구할 수 있어.

생각하며 푼다!

답 ＿＿＿＿＿＿＿＿

1. 어떤 수를 ④로 나누어야 할 것을 잘못하여 ⑤로 나누었더니 몫이 ⑥이고 나머지가 ③이었습니다. 바르게 계산하면 몫과 나머지는 얼마일까요?

🐭 속닥속닥

문제에서 숫자는 ○,
조건 또는 구하는 것은 ___로
표시해 보세요.

1. □÷5=6…3에서 나누어
지는 수 □를 구하려면 나
누는 수(5)와 몫(6)의 곱
에 나머지(3)를 더하면
돼요.

[문제 푸는 순서]

□를 사용하여 잘못
계산한 식 세우기

↓

어떤 수 구하기

↓

바르게 계산하여
몫과 나머지 구하기

생각하며 푼다!

잘못 계산한 식

어떤 수를 □라 하면 □÷5=6…3에서

몫

5 × ⑥ = [ ], [ ] + ③ = □, □ = [ ] 입니다.

나머지

따라서 바르게 계산하면 [ ] ÷ 4 = [ ] … [ ] 이므로

몫은 [ ], 나머지는 [ ] 입니다.

답 몫: _____ , 나머지: _____

2. 어떤 수를 8로 나누어야 할 것을 잘못하여 3으로 나누었더니 몫이 9이고 나머지가 1이었습니다. 바르게 계산하면 몫과 나머지는 얼마일까요?

생각하며 푼다!

잘못 계산한 식

어떤 수를 □라 하면 □÷3= [ ] … [ ] 에서

몫

3 × ⑨ = [ ], [ ] + [ ] = □, □ = [ ] 입니다.

나머지

따라서 바르게 계산하면 [ ] ÷ 8 = [ ] … [ ] 이므로

몫은 [ ], 나머지는 [ ] 입니다.

답 몫: _____ , 나머지: _____

1. 어떤 수를 ③으로 나누어야 할 것을 잘못하여 곱했더니 ⑤①
이 되었습니다. 바르게 계산하면 몫과 나머지는 얼마일까요?

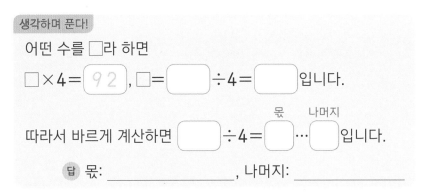

생각하며 푼다!

어떤 수를 □라 하면

□×3=51, □=51÷3=[ ]입니다.

따라서 바르게 계산하면 [ ]÷3=[몫]…[나머지]입니다.

답 몫: _____ , 나머지: _____

속닥속닥

문제에서 숫자는 ○,
조건 또는 구하는 것은 ___로
표시해 보세요.

계산하기

□)□□

2. 어떤 수를 4로 나누어야 할 것을 잘못하여 곱했더니 92가
되었습니다. 바르게 계산하면 몫과 나머지는 얼마일까요?

생각하며 푼다!

어떤 수를 □라 하면

□×4=92 , □=[ ]÷4=[ ]입니다.

따라서 바르게 계산하면 [ ]÷4=[몫]…[나머지]입니다.

답 몫: _____ , 나머지: _____

계산하기

□)□□

도전~ 나 혼자 풀이 완성!

3. 어떤 수를 6으로 나누어야 할 것을 잘못하여 곱했더니 96
이 되었습니다. 바르게 계산하면 몫과 나머지는 얼마일까요?

생각하며 푼다!

답 몫: _____ , 나머지: _____

계산하기

□)□□

1. 수 카드 **3**장을 모두 한 번씩만 사용하여 몫이 가장 큰 (두 자리 수)÷(한 자리 수)의 나눗셈식을 만들 때 몫과 나머지는 얼마일까요?

$$\boxed{3} \quad \boxed{4} \quad \boxed{7}$$

🐭 속닥속닥

1. 몫이 가장 크려면 (가장 큰 두 자리 수)÷(가장 작은 한 자리 수)를 계산하면 돼요.

생각하며 푼다!

몫이 가장 큰 나눗셈식은 ☐÷☐ 입니다.

따라서 ☐÷☐=☐···☐ 이므로

몫은 ☐ 이고 나머지는 ☐ 입니다.

답 몫: _____ , 나머지: _____

계산하기

☐〉☐☐

2. 수 카드 **3**장을 모두 한 번씩만 사용하여 몫이 가장 큰 (두 자리 수)÷(한 자리 수)의 나눗셈식을 만들 때 몫과 나머지는 얼마일까요?

$$\boxed{5} \quad \boxed{8} \quad \boxed{9}$$

2. 먼저 가장 큰 두 자리 수와 가장 작은 한 자리 수를 만들어 보세요.

생각하며 푼다!

몫이 가장 큰 나눗셈식은 ☐÷☐ 입니다.

따라서 ☐÷☐=☐···☐ 이므로

몫은 ☐ 이고 나머지는 ☐ 입니다.

답 몫: _____ , 나머지: _____

계산하기

☐〉☐☐

10. 나머지가 없는 (세 자리 수)÷(한 자리 수)

🐭 속닥속닥

문제에서 숫자는 ○,
조건 또는 구하는 것은 ＿로
표시해 보세요.

나머지가 없는
나눗셈이야.
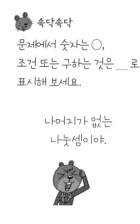

1. 사탕 680개를 유리병 2개에 똑같이 나누어 담으려고 합니다. 유리병 한 개에 사탕을 몇 개씩 담아야 할까요?

생각하며 푼다!

(유리병 한 개에 담아야 할 사탕 수)

＝(전체 사탕 수)÷(유리병 수)

＝ 680 ÷ 2 ＝ ☐ (개)

답 ＿＿＿＿＿＿＿＿＿＿

2. 풍선 700개를 5상자에 똑같이 나누어 담으려고 합니다. 한 상자에 풍선을 몇 개씩 담아야 할까요?

생각하며 푼다!

(한 상자에 담아야 할 풍선 수)

＝(전체 풍선 수)÷(상자 수)

＝ ☐ ÷ ☐ ＝ ☐ (개)

답 ＿＿＿＿＿＿＿＿＿＿

계산하기

☐) ☐☐☐

3. 도서관에서 책 540권을 책장 3개에 똑같이 나누어 꽂으려고 합니다. 책장 한 개에 책을 몇 권씩 꽂아야 할까요?

생각하며 푼다!

(책장 한 개에 꽂아야 할 책 수)

＝(전체 책 수)÷(☐)

＝ ☐ ÷ ☐ ＝ (권)

답 ＿＿＿＿＿＿＿＿＿＿

계산하기

☐) ☐☐☐

1. 제과점에서 도넛 852개를 만들었습니다. 한 봉지에 6개

대표문제 씩 담아 포장하려면 봉지는 몇 개가 필요할까요?

생각하며 푼다!

(필요한 봉지 수)
＝(전체 도넛 수)÷(한 봉지에 담을 도넛 수)

＝ ☐ ÷ ☐ ＝ ☐ (개)

답 _____

계산하기

☐〉☐☐☐

2. 색 끈 928 cm가 있습니다. 리본 한 개를 만드는 데 색 끈
8 cm가 필요하다면 리본을 몇 개 만들 수 있을까요?

생각하며 푼다!

(만들 수 있는 리본 수)
＝(전체 색 끈의 길이)
　÷(리본 한 개를 만드는 데 필요한 색 끈의 길이)

＝ ☐ ÷ ☐ ＝ (개)

답 _____

계산하기

☐〉☐☐☐

🐱 도전~ 나 혼자 풀이 완성!

3. 주영이네 학교 학생 536명이 운동장에 모였습니다. 4명
씩 모둠을 만들면 몇 모둠을 만들 수 있을까요?

생각하며 푼다!

답 _____

계산하기

☐〉☐☐☐

1. 연필 450자루를 9명에게 똑같이 나누어 주려고 합니다. 한 명에게 몇 자루씩 주어야 할까요?

대표
문제

속닥속닥

문제에서 숫자는 ○,
조건 또는 구하는 것은 ___로
표시해 보세요.

생각하며 푼다!

(한 명에게 주어야 할 연필 수)

＝(전체 연필 수)÷(사람 수)

＝ ⬚ ÷ ⬚ ＝ ⬚ (자루)

답 _____

계산하기

⬚)⬚⬚⬚

2. 한라봉 285개를 5상자에 똑같이 나누어 담으려고 합니다. 한 상자에 몇 개씩 담아야 할까요?

생각하며 푼다!

(한 상자에 담아야 할 한라봉 수)

＝(전체 한라봉 수)÷(상자 수)

＝ ⬚ ÷ ⬚ ＝ (개)

답 _____

계산하기

⬚)⬚⬚⬚

도전~ 나 혼자 풀이 완성!

3. 열대어 176마리를 수조 2개에 똑같이 나누어 넣으려고 합니다. 수조 한 개에 몇 마리씩 넣어야 할까요?

생각하며 푼다!

답 _____

계산하기

⬚)⬚⬚⬚

1. 138쪽짜리 동화책이 있습니다. 하루에 6쪽씩 읽으려면 며칠이 걸릴까요?

대표문제

속닥속닥

문제에서 숫자는 ○,
조건 또는 구하는 것은 ___로
표시해 보세요.

생각하며 푼다!

(책을 읽는 데 걸리는 날수)
= (전체 동화책 쪽수) ÷ (하루에 읽는 쪽수)
= ☐ ÷ ☐ = ☐ (일)

답 _____

계산하기

☐)☐☐☐

2. 3학년 학생 203명을 7개의 반으로 똑같이 나누려고 합니다. 한 반에 있는 학생은 몇 명이 될까요?

생각하며 푼다!

(한 반에 있는 학생 수)
= (3학년 학생 수) ÷ (반 수)
= ☐ ÷ ☐ = ☐ (명)

답 _____

계산하기

☐)☐☐☐

 도전~ 나 혼자 풀이 완성!

3. 풍선 688개를 8명에게 똑같이 나누어 주려고 합니다. 한 명이 몇 개씩 가질 수 있을까요?

생각하며 푼다!

답 _____

계산하기

☐)☐☐☐

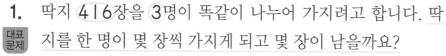

11. 나머지가 있는 (세 자리 수) ÷ (한 자리 수)

1. 딱지 ④⑥장을 ③명이 똑같이 나누어 가지려고 합니다. 딱
대표
문제
지를 한 명이 몇 장씩 가지게 되고 몇 장이 남을까요?

🐭 속닥속닥

문제에서 숫자는 ◯,
조건 또는 구하는 것은 ___로
표시해 보세요.

나누어떨어지지
않는, 나머지가 있는
나눗셈이야.

생각하며 푼다!

$$4\,1\,6 \div 3 = \boxed{} \cdots \boxed{} \text{입니다.}$$

따라서 딱지를 $\boxed{}$장씩 가지게 되고 $\boxed{}$장이 남습니다.

답 _____ , _____

2. 클립 745개를 6모둠에 똑같이 나누어 주려고 합니다. 클
립을 한 모둠에 몇 개씩 줄 수 있고 몇 개가 남을까요?

생각하며 푼다!

$$\boxed{} \div \boxed{} = \boxed{} \cdots \boxed{} \text{입니다.}$$

따라서 클립을 $\boxed{}$개씩 줄 수 있고 $\boxed{}$개가 남습니다.

답 _____ , _____

계산하기

$$\boxed{}\,)\overline{\boxed{}\,\boxed{}\,\boxed{}}$$

3. 블럭 381개를 2상자에 똑같이 나누어 담으려고 합니다.
블럭을 한 상자에 몇 개씩 담을 수 있고 몇 개가 남을까요?

생각하며 푼다!

$$\boxed{} \div \boxed{} = \boxed{} \cdots \text{입니다.}$$

따라서 블럭을 $\boxed{}$개씩 담을 수 있고 $\boxed{}$개가 남습니다.

답 _____ , _____

계산하기

$$\boxed{}\,)\overline{\boxed{}\,\boxed{}\,\boxed{}}$$

1. 초콜릿 166개를 7명에게 똑같이 나누어 주려고 합니다.

대표
문제 초콜릿을 한 명에게 몇 개씩 줄 수 있고 몇 개가 남을까요?

속닥속닥

문제에서 숫자는 ○,
조건 또는 구하는 것은 ___로
표시해 보세요.

생각하며 푼다!

$\boxed{} \div \boxed{} = \boxed{} \cdots \boxed{}$ 입니다.

따라서 초콜릿을 $\boxed{}$ 개씩 줄 수 있고 $\boxed{}$ 개가 남습니다.

답 _____, _____

2. 수학책 154쪽을 하루에 4쪽씩 풀려고 합니다. 수학책을 며칠 동안 풀 수 있고 몇 쪽이 남을까요?

2. 몫과 나머지의 단위가 다
름에 주의하세요.
몫의 단위: 일,
나머지의 단위: 쪽

생각하며 푼다!

$\boxed{} \div \boxed{} = \boxed{ \cdots }$ 입니다.

따라서 수학책을 $\boxed{}$ 일 동안 풀 수 있고 $\boxed{}$ 쪽이 남습니다.

답 _____, _____

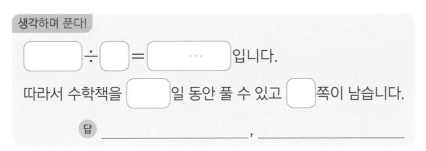 도전~ 나 혼자 풀이 완성!

3. 야구공 660개를 9바구니에 똑같이 나누어 담으려고 합니다. 야구공을 한 바구니에 몇 개씩 담을 수 있고 몇 개가 남을까요?

생각하며 푼다!

계산하기

$\boxed{}\,)\overline{\boxed{}\boxed{}\boxed{}}$

답 _____, _____

1. 당근 ⟨324⟩개를 한 상자에 ⟨5⟩개씩 담으려고 합니다. 당근을
몇 상자에 담을 수 있고 몇 개가 남을까요?

🐭 속닥속닥

문제에서 숫자는 ◯,
조건 또는 구하는 것은 ＿로
표시해 보세요.

대표문제

생각하며 푼다!

☐ ÷ ☐ = ☐ ⋯ ☐ 입니다.

따라서 당근을 ☐ 상자에 담을 수 있고 ☐ 개가 남습니다.

답 ＿＿＿＿＿＿ , ＿＿＿＿＿＿

계산하기

☐)☐☐☐

2. 철사 287 cm를 한 명에게 9 cm씩 나누어 주려고 합니
다. 철사를 몇 명까지 줄 수 있고 몇 cm가 남을까요?

생각하며 푼다!

☐ ÷ ☐ = ☐ ⋯ ☐ 입니다.

따라서 철사를 ☐ 명까지 줄 수 있고 ☐ cm가 남습니다.

답 ＿＿＿＿＿＿ , ＿＿＿＿＿＿

계산하기

☐)☐☐☐

3. 곶감 495개를 한 접시에 6개씩 놓으려고 합니다. 곶감을
몇 접시에 놓을 수 있고 몇 개가 남을까요?

계산하기

☐)☐☐☐

생각하며 푼다!

☐ ÷ ☐ = ☐ ⋯ 입니다.

따라서 곶감을 ☐ 접시에 놓을 수 있고 ☐ 개가 남습니다.

답 ＿＿＿＿＿＿ , ＿＿＿＿＿＿

1. 구슬 ⟨302⟩개를 ⟨4⟩모둠에 똑같이 나누어 주려고 합니다. 남

대표
문제

김없이 모두 나누어 주려면 구슬은 적어도 몇 개 더 필요할

까요?

🐭 속닥속닥

문제에서 숫자는 ○,
조건 또는 구하는 것은 ___로
표시해 보세요.

생각하며 푼다!

☐ ÷ ☐ = ☐ … ☐ 이므로 ☐ 개씩 나누어

주고 ☐ 개가 남습니다.

따라서 남은 ☐ 개도 나누어 주어야 하므로 구슬은 적어도

모둠 수   남은 구슬 수

☐ − ☐ = ☐ (개) 더 필요합니다.

답 _____

1. (모둠 수)−(남은 구슬 수)
   만큼의 구슬이 더 있으면
   남김없이 모두 나누어 줄
   수 있어요.

계산하기

☐)☐☐☐

2. 갈비 만두 **626**개를 한 접시에 **8**개씩 담으려고 합니다. 남

김없이 모두 담으려면 갈비 만두는 적어도 몇 개 더 필요할

까요?

생각하며 푼다!

☐ ÷ ☐ = ☐ … 이므로 ☐ 접시에 담을

수 있고 ☐ 개가 남습니다.

따라서 남은 ☐ 개도 담아야 하므로 갈비 만두는 적어도

한 접시에 담는 갈비 만두 수 ┐   ┌ 남은 갈비 만두 수

☐ − ☐ = ☐ (개) 더 필요합니다.

답 _____

2. (한 접시에 담는 갈비 만
   두 수)−(남은 갈비 만두
   수)만큼의 갈비 만두가
   더 있으면 남김없이 모두
   담을 수 있어요.

계산하기

☐)☐☐☐

2. 나눗셈

1. 호두 과자 **39**개를 친구 **3**명에게 똑같이 나누어 주려고 합니다. 친구 한 명에게 몇 개씩 나누어 줄 수 있을까요?

( )

2. 사과 파이 **74**개를 한 상자에 **4**개씩 담아 팔려고 합니다. 몇 상자까지 팔 수 있을까요?

( )

3. 음료수 **97**병을 상자에 담으려고 합니다. 한 상자에 **6**병까지 담을 수 있을 때 음료수를 남김없이 모두 담으려면 상자는 적어도 몇 상자 필요할까요?

( )

4. 어떤 수를 **7**로 나누어야 할 것을 잘못하여 **8**로 나누었더니 몫이 **4**이고 나머지가 **7**이었습니다. 바르게 계산하면 몫과 나머지는 얼마일까요?

(20점)

몫 ( ), 나머지 ( )

5. 수 카드 ③, ⑤, ⑨ 를 한 번씩만 사용하여 몫이 가장 큰 (두 자리 수)÷(한 자리 수)의 나눗셈식을 만들 때 몫과 나머지는 얼마일까요?

몫 ( ), 나머지 ( )

6. 색연필 **747**자루를 **3**상자에 똑같이 나누어 포장하려고 합니다. 한 상자에 몇 자루씩 포장해야 할까요?

( )

7. 비타민 젤리 **623**개를 **5**병에 똑같이 나누어 담으려고 합니다. 비타민 젤리를 한 병에 몇 개씩 담을 수 있고 몇 개가 남을까요?

( )개씩 담을 수 있고

( )개가 남습니다.

8. 귤 **194**개를 **7**봉지에 똑같이 나누어 담으려고 합니다. 남김없이 모두 나누어 담으려면 귤은 적어도 몇 개 더 필요할까요? (20점)

( )

셋째 마당

나 혼자 풀이 과정을 완성하는

원

셋째 마당에서는 **원을 이용한 문장제**를 배웁니다.
원의 중심, 반지름, 지름을 이해한 다음 원의 성질을 공부할 거예요.
이 내용은 6학년 때 배우는 내용의 기초가 되므로
잘 익히고 넘어가야 해요.

한 원에서 반지름의 길이 또는 지름의 길이는
모두 같다는 것, 기억하세요!

12. 원의 성질 응용 문장제

 속닥속닥

- **원의 중심**: 점 ㅇ
- **원의 반지름**
  : 원의 중심 ㅇ과 원 위의 한 점을 이은 선분
- **원의 지름**
  : 원 위의 두 점을 이은 선분이 원의 중심 ㅇ을 지날 때, 이 선분

(원의 지름)
=(원의 반지름)×2

1. 더 큰 원을 찾아 기호를 쓰세요.

> ㉠ 지름이 14 cm인 원   ㉡ 반지름이 6 cm인 원

생각하며 푼다!

㉡ 반지름이 6 cm인 원의 지름은 ⬚ cm입니다.

따라서 ⬚ 이 더 큽니다.   답 _____

2. 가장 큰 원을 찾아 기호를 쓰세요.

> ㉠ 반지름이 11 cm인 원
> ㉡ 지름이 25 cm인 원
> ㉢ 반지름이 3 cm의 4배인 원

생각하며 푼다!

㉠ 반지름이 11 cm인 원의 지름은 ⬚ cm입니다.

㉢ 반지름이 3 cm의 4배인 원의 지름은 ⬚ cm입니다.

따라서 ⬚ 이 가장 큽니다.   답 _____

3. 가장 작은 원을 찾아 기호를 쓰세요.

> ㉠ 반지름이 9 cm인 원   ㉡ 지름이 13 cm인 원
> ㉢ 지름이 17 cm인 원   ㉣ 반지름이 7 cm인 원

생각하며 푼다!

㉠ 반지름이 9 cm인 원의 지름은 ⬚ cm이고,

㉣ 반지름이 7 cm인 원의 지름은 ⬚ cm입니다.

따라서 ⬚ 이 가장 작습니다.   답 _____

수의 크기만 보고 답을 쓰면 안 돼. 모두 반지름 또는 지름으로 통일해서 비교해야 돼.

1. 오른쪽 그림에서 선분 ㄱㄷ의 길이
는 몇 cm일까요?

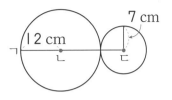

🐭 **속닥속닥**

원의 크기가 다를 때
선분의 길이를
구하는 문제야.
한 원에서 원의
반지름은 모두 같다는
것을 이용해서
구하면 돼.

생각하며 푼다!

(큰 원의 지름)=12×☐=☐ (cm)

(선분 ㄱㄷ의 길이)=(큰 원의 지름)+(작은 원의 반지름)

=☐+☐=☐ (cm)

→ 단위도
꼭 써요!

답 ＿＿＿＿＿＿ cm

2. 오른쪽 그림에서 선분 ㄱㄹ의 길
이는 몇 cm일까요?

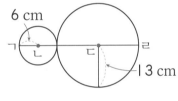

생각하며 푼다!

(작은 원의 지름)=6×☐=☐ (cm)

(큰 원의 지름)=13×☐=☐ (cm)

　　　　　　　작은 원의 지름　　큰 원의 지름

(선분 ㄱㄹ의 길이)=☐+☐=☐ (cm)

답 ＿＿＿＿＿＿＿＿＿＿＿

3. 오른쪽 그림에서 선분 ㄴㄹ의 길
이는 몇 cm일까요?

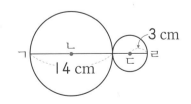

3. 큰 원의 반지름과 작은
　원의 지름을 합한 길이를
　구해요.

＿＿＿＿＿＿＿＿＿＿

1. 반지름이 8 cm인 원 2개를 서로 원의 중심이 지나도록 겹쳐서 그린 것입니다. 선분 ㄱㄴ의 길이는 몇 cm일까요?

 속닥속닥
1. 선분의 길이가 원의 반지름의 몇 배인지 알아보세요.

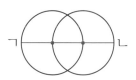

> **생각하며 푼다!**
>
> 선분 ㄱㄴ의 길이는 원의 반지름의 ▢ 배입니다.
>
> 따라서 선분 ㄱㄴ의 길이는 8 × ▢ = ▢ (cm)입니다.
>
> 답 _____

2. 반지름이 3 cm인 원 3개를 이어 붙여서 그린 것입니다. 선분 ㄱㄴ의 길이는 몇 cm일까요?

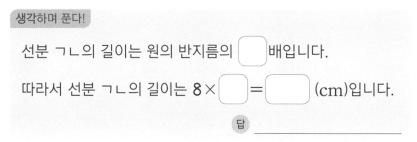

> **생각하며 푼다!**
>
> 선분 ㄱㄴ의 길이는 원의 반지름의 ▢ 배입니다.
>
> 따라서 선분 ㄱㄴ의 길이는 3 × ▢ = ▢ (cm)입니다.
>
> 답 _____

★3. 지름이 7 cm인 원 5개를 서로 원의 중심이 지나도록 겹쳐서 그린 것입니다. 선분 ㄱㄴ의 길이는 몇 cm일까요?

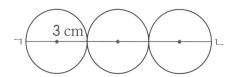

원의 크기가 같을 때
선분의 길이를
구하는 문제야.
먼저 선분의 길이가
원의 반지름 또는
지름의 몇 배인지
생각하면 돼.

_____

1. 크기가 같은 원 3개를 서로 원의 중심이 지나도록 겹쳐서 그린 것입니다. 선분 ㄱㄴ의 길이가 20 cm일 때 한 원의 반지름은 몇 cm일까요?

 속닥속닥

1. 선분 ㄱㄴ의 길이가 원의 반지름 또는 지름의 몇 배 인지 알아보세요.

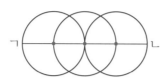

생각하며 푼다!

선분 ㄱㄴ의 길이는 원의 반지름의 ☐ 배입니다.

따라서 한 원의 반지름은 20÷☐=☐ (cm)입니다.

답 _____

2. 크기가 같은 원 7개를 서로 원의 중심이 지나도록 겹쳐서 그린 것입니다. 한 원의 지름은 몇 cm일까요?

2. 선분 ㄱㄴ의 길이는 48 cm 이고, 이 길이는 원의 반지 름의 8배예요.

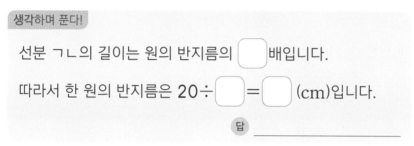

48 cm

생각하며 푼다!

(원의 반지름)=☐÷8=☐ (cm)

(원의 지름)=☐×2=☐ (cm)

답 _____

3. 크기가 같은 원 6개를 서로 원의 중심이 지나도록 겹쳐서 그린 것입니다. 한 원의 지름은 몇 cm일까요?

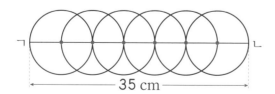

35 cm

_____

1. 오른쪽 그림에서 가장 큰 원의 지름은 몇 cm일까요?

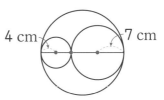

🐻 속닥속닥

1. 가장 큰 원의 지름은 가장 작은 원과 중간 원의 지름의 합과 같아요.

생각하며 푼다!

(가장 작은 원의 지름)=4×☐=☐(cm)

(중간 원의 지름)=7×☐=☐(cm)

따라서 가장 큰 원의 지름은

가장 작은 원의 지름┐　　　┌중간 원의 지름
☐+☐=☐(cm)입니다.

답 _____

2. 오른쪽 그림에서 가장 큰 원의 지름은 몇 cm일까요?

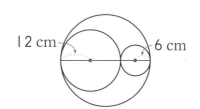

생각하며 푼다!

(중간 원의 지름)=12×☐=☐(cm)

(가장 작은 원의 지름)=6×☐=☐(cm)

따라서 가장 큰 원의 지름은

중간 원의 지름┐　　　┌가장 작은 원의 지름
☐+☐=☐(cm)입니다.

답 _____

★**3.** 가장 큰 원의 지름은 몇 cm일까요?

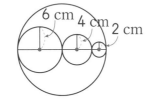

_____

1. 직사각형 안에 반지름이 **6** cm인 원 **3**개를 이어 붙여서 그린 것입니다. 직사각형의 가로는 몇 cm일까요?

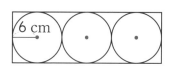

🐭 속닥속닥

1. 직사각형의 가로는 원의 지름의 3배와 같음을 이용하여 구할 수도 있어요.

생각하며 푼다!

직사각형의 가로는 원의 반지름의 [6] 배입니다.

(직사각형의 가로)= [ ] × [6] = [ ] (cm)

답 _____

2. 직사각형 안에 반지름이 **7** cm인 원 **7**개를 서로 중심이 지나도록 겹쳐서 그린 것입니다. 직사각형의 가로는 몇 cm일까요?

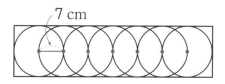

생각하며 푼다!

직사각형의 가로는 원의 반지름의 [ ] 배입니다.

(직사각형의 가로)= [ ] × [ ] = [ ] (cm)

답 _____

직사각형과 원이 만날 때 직사각형의 가로 또는 원의 반지름을 구하는 문제야. 먼저 직사각형의 가로가 원의 반지름의 몇 배 인지 생각하면 돼.

★**3.** 직사각형 안에 크기가 같은 원 **4**개를 이어 붙여서 그린 것입니다. 원의 반지름은 몇 cm일까요?

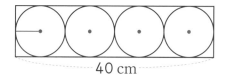

40 cm

3. 직사각형의 가로는 원의 반지름의 8배예요.

_____

1. 정사각형 안에 크기가 같은 원 4개를 이어 붙여서 그린 것입니다. 정사각형의 네 변의 길이의 합은 몇 cm일까요?

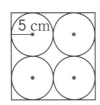

🐭 속닥속닥

1. 정사각형의 네 변의 길이의 합은 (정사각형의 한 변)×4를 하여 구할 수도 있어요.

> **생각하며 푼다!**
>
> 정사각형의 한 변은 원의 반지름의 ☐배입니다.
>
> (정사각형의 한 변)=5×☐=☐(cm)
>
> 따라서 정사각형의 네 변의 길이의 합은
>
> [20]+☐+☐+☐=☐(cm)입니다.
>
> 답 _____

2. 직사각형 안에 크기가 같은 원 6개를 이어 붙여서 그린 것입니다. 직사각형의 네 변의 길이의 합은 몇 cm일까요?

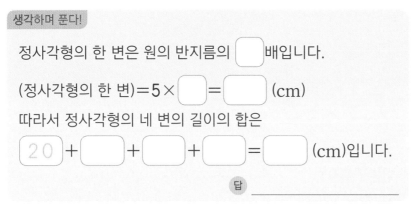

2 cm

2. 직사각형의 네 변의 길이의 합은 (가로)×2와 (세로)×2를 더하여 구할 수도 있어요.

> **생각하며 푼다!**
>
> 직사각형의 가로는 원의 반지름의 ☐배입니다.
>
> (직사각형의 가로)=2×☐=☐(cm)
>
> 직사각형의 세로는 원의 반지름의 ☐배입니다.
>
> (직사각형의 세로)=2×☐=☐(cm)
>
> 따라서 직사각형의 네 변의 길이의 합은
>
> [12]+☐+☐+☐=☐(cm)입니다.
>
> 답 _____

1. 오른쪽 그림에서 큰 원의 지름이 24 cm일
때 작은 원의 반지름은 몇 cm일까요?

생각하며 푼다!

작은 원의 반지름은 큰 원의 지름을 ☐ 로 나눈 것과 같습니다.

따라서 작은 원의 반지름은 24 ÷ ☐ = ☐ (cm)입니다.

답 _____

2. 오른쪽 그림에서 작은 원의 반지름이 9 cm
일 때 큰 원의 반지름은 몇 cm일까요?

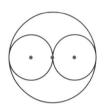

생각하며 푼다!

큰 원의 반지름은 작은 원의 지름 과 같습니다.

따라서 큰 원의 반지름은 9 × ☐ = ☐ (cm)입니다.

답 _____

3. 오른쪽 그림에서 작은 원의 반지름이 8 cm
일 때 큰 원의 반지름은 몇 cm일까요?

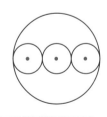

생각하며 푼다!

큰 원의 반지름은 작은 원의 반지름의 ☐ 배입니다.

따라서 큰 원의 반지름은 ☐ × ☐ = ☐ (cm)입니다.

답 _____

단원 평가
이렇게 나와요!

점수 / 100
한 문항당 10점 또는 20점

1. 선분 ㄱㄷ의 길이는 몇 cm일까요?
(10점)

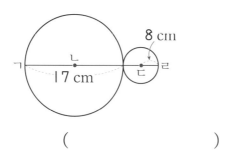

(   )

2. 크기가 같은 원 **5**개를 서로 원의 중심이 지나도록 겹쳐서 그린 것입니다. 선분 ㄱㄴ의 길이는 몇 cm일까요?
(20점)

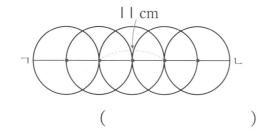

(   )

3. 가장 큰 원의 지름은 몇 cm일까요?
(20점)

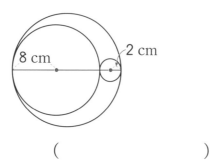

(   )

4. 직사각형 안에 크기가 같은 원 **4**개를 이어 붙여서 그린 것입니다. 원의 반지름은 몇 cm일까요? (20점)

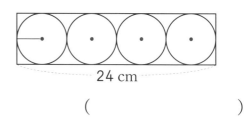

(   )

5. 정사각형 안에 크기가 같은 원 **4**개를 이어 붙여서 그린 것입니다. 정사각형의 네 변의 길이의 합은 몇 cm일까요? (20점)

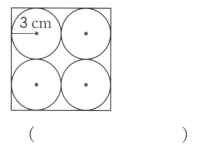

(   )

6. 작은 원의 반지름이 **4** cm일 때 큰 원의 반지름은 몇 cm일까요? (10점)

(   )

넷째 마당

나 혼자 풀이 과정을 완성하는

분수

똑같은 양도 나누는 방법에 따라 나타내는 분수가 달라져요.
전체에 대한 부분을 나타내는 수인 분수를 먼저 이해하고,
분수에 관련된 생활 속 문장제를 해결해 보세요.

⭐ 그림을 보고 ☐ 안에 알맞은 수를 써넣으세요.

🐭 속닥속닥

1.

(1) 전체를 똑같이 4로 나누면 1은 4의 $\dfrac{1}{4}$입니다.

(2) 전체를 똑같이 4로 나누면 3은 4의 $\dfrac{☐}{☐}$입니다.

1. (1) 전체 4묶음 중 1묶음
→ $\dfrac{1}{4}$
(2) 전체 4묶음 중 3묶음
→ $\dfrac{3}{4}$

2.

(1) 10을 2씩 묶으면 4는 10의 $\dfrac{2}{5}$입니다.

(2) 10을 2씩 묶으면 6은 10의 $\dfrac{☐}{☐}$입니다.

2. 사과 10개를 2개씩 묶으면 5묶음이 돼요.
(1) 4는 5묶음 중에 2묶음이므로 10의 $\dfrac{2}{5}$와 같아요.

3.

(1) 12를 3씩 묶으면 3은 12의 $\dfrac{☐}{4}$입니다.

(2) 12를 3씩 묶으면 9는 12의 $\dfrac{☐}{☐}$입니다.

3. 사과 12개를 3개씩 묶으면 4묶음이 돼요.
(1) 3은 4묶음 중 몇 묶음인지 알아보세요.

4.

(1) 16을 2씩 묶으면 6은 16의 $\dfrac{☐}{8}$입니다.

(2) 16을 2씩 묶으면 10은 16의 $\dfrac{☐}{☐}$입니다.

(3) 16을 2씩 묶으면 14는 16의 $\dfrac{☐}{☐}$입니다.

4. 사과 16개를 2개씩 묶으면 몇 묶음이 될지 알아보세요.

⭐ 그림을 보고 ☐ 안에 알맞은 분수를 써넣으세요.

속닥속닥

1. (1)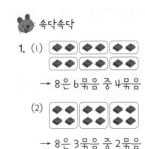
→ 8은 6묶음 중 4묶음

(2)
→ 8은 3묶음 중 2묶음

1.

(1) 12를 2씩 묶으면 8은 12의 $\dfrac{4}{6}$ 입니다.

(2) 12를 4씩 묶으면 8은 12의 $\dfrac{2}{3}$ 입니다.

2.

(1) 24를 2씩 묶으면 16은 24의 ☐ 입니다.

(2) 24를 4씩 묶으면 16은 24의 ☐ 입니다.

(3) 24를 8씩 묶으면 16은 24의 ☐ 입니다.

3.

(1) 36을 4씩 묶으면 12는 36의 ☐ 입니다.

(2) 36을 6씩 묶으면 12는 36의 ☐ 입니다.

(3) 36을 12씩 묶으면 12는 36의 ☐ 입니다.

4. 25를 5씩 묶으면 15는 25의 몇 분의 몇일까요?

_____

1. 젤리가 18개 있습니다. 그중 9개는 태영이가 먹고 4개는 동민이가 먹었습니다. 물음에 답하세요.

(1) 18을 9씩 묶으면 태영이가 먹은 젤리 9개는 18개의 몇 분의 몇일까요?

_____

(2) 18을 2씩 묶으면 동민이가 먹은 젤리 4개는 18개의 몇 분의 몇일까요?

_____

 속닥속닥

1. (1)

젤리 18개를 9개씩 묶으면 9개는 2묶음 중 1묶음이 돼요.

(2)

젤리 18개를 2개씩 묶으면 4개는 9묶음 중 2묶음이 돼요.

2. 귤이 15개 있습니다. 그중 3개는 어제 먹고 5개는 오늘 먹었습니다. 물음에 답하세요.

(1) 15를 3씩 묶으면 어제 먹은 귤 3개는 15개의 몇 분의 몇일까요?

> 생각하며 푼다!
>
> 15를 3씩 묶으면 [5] 묶음이 됩니다.
>
> 3은 [5] 묶음 중 [1] 묶음이므로 귤 3개는 15개의 [ ] 입니다.
>
> 답 _____

(2) 15를 5씩 묶으면 오늘 먹은 귤 5개는 15개의 몇 분의 몇일까요?

> 생각하며 푼다!
>
> 15를 5씩 묶으면 [ ] 묶음이 됩니다.
>
> 5는 [ ] 묶음 중 [ ] 묶음이므로 귤 5개는 15개의 [ ] 입니다.
>
> 답 _____

1. 딸기가 42개 있습니다. 그중 7개는 서현이가 먹고 6개는 동생이 먹었습니다. 물음에 답하세요.

 속닥속닥

(1) 42를 7씩 묶으면 서현이가 먹은 딸기 7개는 42개의 몇 분의 몇일까요?

생각하며 푼다!

42를 7씩 묶으면 ☐ 묶음이 됩니다.

7은 ☐ 묶음 중 ☐ 묶음이므로 딸기 7개는 42개의

☐ 입니다.

답 ＿＿＿＿＿＿＿＿＿

도전~ 나 혼자 풀이 완성!

(2) 42를 6씩 묶으면 동생이 먹은 딸기 6개는 42개의 몇 분의 몇일까요?

생각하며 푼다!

답 ＿＿＿＿＿＿＿＿＿

2. 민식이는 색종이 20장 중에서 8장을 사용하였습니다. 20을 4씩 묶으면 민식이가 사용한 색종이 8장은 20장의 몇 분의 몇일까요?

＿＿＿＿＿＿＿＿＿

2

색종이 20장을 4장씩 묶으면 8장은 5묶음 중 몇 묶음이 될지 알아보세요.

⭐ ☐ 안에 알맞은 수를 써넣으세요.

1. 8의 $\frac{1}{4}$ 은 ⬜2⬜ 이고, $\frac{3}{4}$ 은 ⬜ 입니다.

2. 14의 $\frac{1}{7}$ 은 ⬜ 이고, $\frac{5}{7}$ 는 ⬜ 입니다.

3. 25의 $\frac{1}{5}$ 은 ⬜ 이고, $\frac{4}{5}$ 는 ⬜ 입니다.

4. 54의 $\frac{1}{9}$ 은 ⬜ 이고, $\frac{7}{9}$ 은 ⬜ 입니다.

5. 72의 $\frac{1}{8}$ 은 ⬜ 이고, $\frac{3}{8}$ 은 ⬜ 입니다.

6. 10의 $\frac{1}{2}$ 은 ⬜5⬜ 이고, $\frac{1}{5}$ 은 ⬜ 입니다.

7. 28의 $\frac{1}{4}$ 은 ⬜ 이고, $\frac{1}{7}$ 은 ⬜ 입니다.

8. 36의 $\frac{1}{6}$ 은 ⬜ 이고, $\frac{1}{9}$ 은 ⬜ 입니다.

9. 48의 $\frac{1}{6}$ 은 ⬜ 이고, $\frac{1}{8}$ 은 ⬜ 입니다.

10. 63의 $\frac{1}{7}$ 은 ⬜ 이고, $\frac{1}{9}$ 은 ⬜ 입니다.

🐭 속닥속닥

1. 🎲🎲🎲🎲

· 8개를 4묶음으로 똑같이
나누면 1묶음은 2개예요.
→ 8의 $\frac{1}{4}$ 은 2예요.

· 8개를 4묶음으로 똑같이
나누면 3묶음은 6개예요.
→ 8의 $\frac{3}{4}$ 은 6이에요.

6. 10을 2묶음으로 똑같이
나누면 1묶음은 5이고,
5묶음으로 똑같이 나누
면 1묶음은 2예요.

전체를 똑같이
●묶음으로 나눈 것
중의 1묶음은
전체의 $\frac{1}{●}$ 이야.

1. 하루 24시간의 $\frac{3}{8}$은 몇 시간일까요?

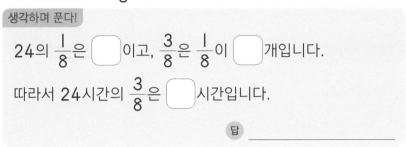

생각하며 푼다!

24의 $\frac{1}{8}$은 ☐이고, $\frac{3}{8}$은 $\frac{1}{8}$이 ☐개입니다.

따라서 24시간의 $\frac{3}{8}$은 ☐시간입니다.

답 _____

2. 연필 한 타의 $\frac{2}{3}$는 몇 자루일까요?

_____

3. 동화책 25권의 $\frac{4}{5}$는 몇 권일까요?

_____

4. 붙임딱지 56장의 $\frac{5}{7}$는 몇 장일까요?

_____

5. 길이가 64 cm인 종이테이프의 $\frac{3}{8}$은 몇 cm일까요?

_____

🐭 속닥속닥

문제에서 숫자와 분수는 ○,
조건 또는 구하는 것은 ___로
표시해 보세요.

1. 진영이는 핫도그 14개 중 $\frac{3}{7}$을 먹었습니다. 진영이가 먹은

대표
문제 핫도그는 몇 개일까요?

> 생각하며 푼다!
>
> 14의 $\frac{1}{7}$은 ☐2☐ 이고, $\frac{3}{7}$은 $\frac{1}{7}$이 ☐개입니다.
>
> 따라서 14의 $\frac{3}{7}$은 ☐이므로 진영이가 먹은 핫도그는
>
> ☐개입니다.
>
> 답 _____

2. 상자 속에 있는 20개의 구슬 중 $\frac{2}{5}$가 빨간색 구슬입니다.

빨간색 구슬은 몇 개일까요?

> 생각하며 푼다!
>
> 20의 $\frac{1}{5}$은 ☐이고, $\frac{2}{5}$는 $\frac{1}{5}$이 ☐개입니다.
>
> 따라서 20의 $\frac{2}{5}$는 ☐이므로 빨간색 구슬은 ☐개입니다.
>
> 답 _____

★3. 준아네 반 36명의 학생 중 $\frac{4}{9}$가 여학생입니다. 준아네 반

남학생은 몇 명일까요?

> 생각하며 푼다!
>
> 36의 $\frac{1}{9}$은 ☐이고, $\frac{4}{9}$는 $\frac{1}{9}$이 ☐개입니다.
>
> 따라서 36의 $\frac{4}{9}$는 ☐이므로 여학생은 ☐명이고
>
> 남학생은 36 − ☐ = ☐(명)입니다.
>
> 답 _____

헷갈리지 마!
구해야 하는 건
여학생 수가 아니라
남학생 수야!

1. 색종이 32장 중 윤서가 $\frac{1}{4}$을 가졌고, 지우가 $\frac{1}{8}$을 가졌습니다. 색종이를 누가 몇 장 더 많이 가졌을까요?

속닥속닥
문제에서 숫자와 분수는 ○,
조건 또는 구하는 것은 ___로
표시해 보세요.

> 생각하며 푼다!
>
> 32장의 $\frac{1}{4}$은 ☐장이고, 32장의 $\frac{1}{8}$은 ☐장입니다.
>
> 따라서 ☐가 ☐ − ☐ = ☐(장) 더 많이 가졌습니다.
>
> 답 _____, _____

2. 과일 27개 중 $\frac{1}{3}$은 사과이고, $\frac{4}{9}$는 오렌지입니다. 어느 과일이 몇 개 더 많을까요?

> 생각하며 푼다!
>
> 27개의 $\frac{1}{3}$은 ☐개입니다.
>
> 27개의 $\frac{1}{9}$은 ☐개이므로 $\frac{4}{9}$는 ☐개입니다.
>
> 따라서 ☐가 ☐ − ☐ = ☐(개) 더 많습니다.
>
> 답 _____, _____

★3. 철사를 연주는 42 cm 중 $\frac{3}{7}$을, 현지는 40 cm 중 $\frac{2}{5}$를 사용하였습니다. 철사를 누가 몇 cm 더 많이 사용하였을까요?

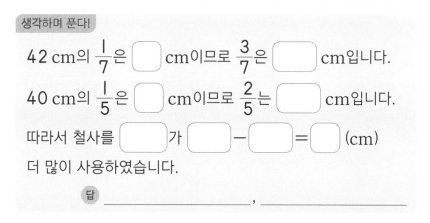

> 생각하며 푼다!
>
> 42 cm의 $\frac{1}{7}$은 ☐cm이므로 $\frac{3}{7}$은 ☐cm입니다.
>
> 40 cm의 $\frac{1}{5}$은 ☐cm이므로 $\frac{2}{5}$는 ☐cm입니다.
>
> 따라서 철사를 ☐가 ☐ − ☐ = ☐(cm) 더 많이 사용하였습니다.
>
> 답 _____, _____

16. 여러 가지 분수 알아보기

1. 분모가 ⑦이고 분자가 ③보다 큰 진분수는 모두 몇 개일까요?

대표문제

생각하며 푼다!

분모가 7인 진분수의 분자는 [7]보다 작은 수입니다.

이 중 3보다 큰 수는 [4], [ ], [ ]이므로 구하는 진분수

는 [4/7], [ ], [ ]으로 모두 [ ]개입니다.

답 _____

속닥속닥

문제에서 숫자는 ◯,
조건 또는 구하는 것은 ___로
표시해 보세요.

1. **진분수**: 분자가 분모보다 작은 분수

예 $\frac{1}{7}$, $\frac{2}{7}$, $\frac{3}{7}$, ..., $\frac{6}{7}$, $\frac{7}{7}$(빗금)

2. 분모가 13인 분수 중에서 분자가 9보다 크고 15보다 작은 가분수는 모두 몇 개일까요?

생각하며 푼다!

분모가 13인 분수 중에서 분자가 9보다 크고 15보다 작은

분수는 [10/13], [ ], [ ], [ ], [ ]입니다.

이 중 가분수는 [ ], [ ]로 모두 [ ]개입니다.

답 _____

2. • **가분수**: 분자가 분모와 같거나 분모보다 큰 분수

예 $\frac{6}{7}$(빗금), $\frac{7}{7}$, $\frac{8}{7}$, $\frac{9}{7}$

• $\frac{7}{7}$은 1과 같아요.
  1, 2, 3과 같은 수를 자연수라고 해요.

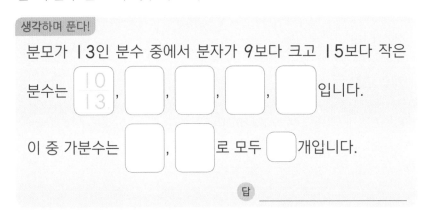

도전~ 나 혼자 풀이 완성!

3. 분모가 11이고 분자가 6보다 큰 진분수는 모두 몇 개일까요?

생각하며 푼다!

답 _____

1. 다음 조건을 만족하는 진분수를 구하세요.

대표
문제

🐭 속닥속닥

문제에서 숫자는 ◯,
조건 또는 구하는 것은 ___로
표시해 보세요.

> • 분모와 분자의 합은 ⑧입니다.
> • 분모와 분자의 차는 ②입니다.

생각하며 푼다!

분자를 ☐라고 하면 분모는 ☐＋2입니다.
분모와 분자의 합이 8이므로

분자 분모
☐＋☐＋2＝⑧, ☐＋☐＝☐, ☐＝☐입니다.

따라서 분자가 ☐이고 분모가 ☐＋2＝☐인
　　　　　　　　　분자　　　　　분모

진분수는 ☐입니다.

답 _____

2. 분모와 분자의 합이 15이고 분모와 분자의 차가 7인 진분
수를 구하세요.

아하! 진분수이므로
분자가 분모보다
작아야 해.

생각하며 푼다!

분자를 ☐라고 하면 분모는 ☐＋☐입니다.
분모와 분자의 합이 15이므로

분자 분모
☐＋☐＋7＝☐, ☐＋☐＝☐, ☐＝☐입니다.

따라서 분자가 ☐이고 분모가 ☐＋☐＝☐인
　　　　　　　　　분자　　　　분모

진분수는 ☐입니다.

답 _____

맞아! 만약 분모와
분자의 차가 3이고,
분자를 ☐라고 하면
분모는 분모와
분자의 차만큼
더한 수 ☐＋3이
되는 거야.

3. 분모와 분자의 합이 17이고 분모와 분자의 차가 3인 진분
수를 구하세요.

_____

1. 다음 조건을 만족하는 가분수를 구하세요.

 대표문제

🐭 속닥속닥

문제에서 숫자는 ○,
조건 또는 구하는 것은 ___로
표시해 보세요.

> • 분모와 분자의 합은 ⑪입니다.
> • 분모와 분자의 차는 ⑤입니다.

생각하며 푼다!

분자를 □라고 하면 분모는 □−5입니다.
분모와 분자의 합이 11이므로

분자 분모
□+□−5=⑪, □+□=□, □=□ 입니다.

따라서 분자가 □이고 분모가 □−5=□인
분자 분모

가분수는 □ 입니다.

답 _____

2. 분모와 분자의 합이 14이고 분모와 분자의 차가 4인 가분수를 구하세요.

아하! 가분수이므로
분자가 분모보다
커야 해.

생각하며 푼다!

분자를 □라고 하면 분모는 □−□입니다.
분모와 분자의 합이 14이므로

분자 분모
□+□−4=□, □+□=□, □=□ 입니다.

따라서 분자가 □이고 분모가 □−□=□인
분자 분모

가분수는 □ 입니다.

답 _____

그래서 만약 분모와
분자의 차가 3이고,
분자를 □라고 하면
분모는 □−3이
되는 거야.

3. 분모와 분자의 합이 15이고 분모와 분자의 차가 11인 가분수를 구하세요.

_____

1. 다음 조건을 만족하는 대분수를 구하세요.

대표
문제

> • ③보다 크고 ④보다 작은 수입니다.
> • 분모와 분자의 합은 ⑨입니다.
> • 분모와 분자의 차는 ⑤입니다.

🐭 **속닥속닥**

문제에서 숫자는 ○,
조건 또는 구하는 것은 ___로
표시해 보세요.

• **대분수**: 자연수와 진분수로
이루어진 분수

예) $1\frac{2}{3}$, $4\frac{1}{5}$

생각하며 푼다!

3보다 크고 4보다 작은 수이므로 대분수의 자연수 부분은

☐입니다. ➡ ☐ $\frac{\blacksquare}{\blacksquare}$

진분수의 분자를 ☐라고 하면 분모는 ☐＋5입니다.

분모와 분자의 합이 9이므로 ☐＋☐＋5＝☐,

☐＋☐＝☐, ☐＝☐ 입니다.

분자가 ☐이고 분모가 ☐＋5＝☐인 진분수는 ☐입

니다. 따라서 조건을 만족하는 대분수는 ☐입니다.

답 _____

2. 다음 조건을 만족하는 대분수를 구하세요.

> • 6보다 크고 7보다 작은 수입니다.
> • 분모와 분자의 합은 18입니다.
> • 분모와 분자의 차는 8입니다.

▲보다 크고
●보다 작은
대분수는 ▲$\frac{☐}{☐}$야.

_____

1. □ 안에 들어갈 수 있는 자연수는 모두 몇 개일까요?

대표문제

$$3\frac{\square}{6} < \frac{22}{6}$$

 속닥속닥

문제에서 분수는 ◯,
조건 또는 구하는 것은 ___로
표시해 보세요.

1. 가분수를 대분수로 고쳐
서 분자에 알맞은 수를
찾아요.

• 대분수: 자연수와 진분
수로 이루어진 분수

$$3\frac{\square}{6} < \frac{22}{6} = 3\frac{4}{6}$$
(□ < 4)

생각하며 푼다!

$\frac{22}{6}$ 를 대분수로 나타내면 $3\frac{4}{6}$ 입니다.

따라서 □ 안에 들어갈 수 있는 자연수는 $3\frac{4}{6}$ 의 분자인 〔 〕

보다 작은 수인 〔 〕, 〔 〕, 〔 〕으로 모두 〔 〕개입니다.

답 _____

2. □ 안에 들어갈 수 있는 자연수는 모두 몇 개일까요?

$$\frac{45}{8} > 5\frac{\square}{8}$$

생각하며 푼다!

$\frac{45}{8}$ 를 대분수로 나타내면 〔 〕입니다.

따라서 □ 안에 들어갈 수 있는 자연수는 〔 〕의 분자인 〔 〕

보다 작은 수인 〔 〕, 〔 〕, 〔 〕, 〔 〕로 모두 〔 〕개입니다.

답 _____

3. □ 안에 들어갈 수 있는 자연수는 모두 몇 개일까요?

$$3\frac{\square}{9} < \frac{30}{9}$$

_____

1. 딸기를 현수는 $1\frac{5}{8}$ kg 땄고, 현지는 $2\frac{1}{8}$ kg 땄습니다. 딸기를 더 많이 딴 사람은 누구일까요?

🐹 속닥속닥
문제에서 분수는 ◯,
조건 또는 구하는 것은 ___로
표시해 보세요.

> **생각하며 푼다!**
>
> 자연수 부분의 크기를 비교하면 ☐1 < ☐2 이므로
>
> $2\frac{1}{8}$ 이 ☐ 보다 더 큽니다.
>
> 따라서 딸기를 더 많이 딴 사람은 ☐ 입니다.
>
> 답 _____

2. 약속 시간에 영서는 $6\frac{1}{9}$분 늦었고, 지민이는 $4\frac{7}{9}$분 늦었습니다. 약속 시간에 더 늦은 사람은 누구일까요?

2. 약속 시간에 더 늦은 사람
은 분수의 크기가 더 큰
사람을 찾으면 돼요.

> **생각하며 푼다!**
>
> ☐ 부분의 크기를 비교하면 ☐ > ☐ 이므로
>
> ☐ 이 ☐ 보다 더 큽니다.
>
> 따라서 약속 시간에 더 늦은 사람은 ☐ 입니다.
>
> 답 _____

분모가 같은
대분수끼리의
크기 비교에서는
자연수 부분이
서로 다르면
먼저 자연수 부분의
크기를 비교하면 돼.

3. 생일 파티에서 불고기 피자를 $4\frac{1}{6}$판 먹었고, 고구마 피자를 $3\frac{5}{6}$판 먹었습니다. 더 많이 먹은 피자는 어느 피자일까요?

_____

1. 지훈이네 집에서 공원까지의 거리는 $1\frac{4}{6}$ km이고, 서점까지의 거리는 $\frac{13}{6}$ km입니다. 지훈이네 집에서 더 먼 곳은 어디일까요?

대표 문제

🐭 **속닥속닥**

문제에서 분수는 ○,
조건 또는 구하는 것은 ___로
표시해 보세요.

1. 대분수를 가분수로 고쳐서 분자끼리의 크기를 비교할 수도 있어요.

$1\frac{4}{6} = \frac{10}{6}$ ← $10<13$
$\frac{13}{6}$ ←

생각하며 푼다!

$\frac{13}{6}$을 대분수로 나타내면 ☐ 입니다.

자연수 부분의 크기를 비교하면 ☐ > ☐ 이므로

$\frac{13}{6}$ 이(가) ☐ 보다 더 큽니다.

따라서 지훈이네 집에서 더 먼 곳은 ☐ 입니다.

답 _____

2. 민우가 캔 감자는 $\frac{20}{7}$ kg이고, 선우가 캔 감자는 $3\frac{1}{7}$ kg 입니다. 누가 캔 감자가 더 적을까요?

생각하며 푼다!

$\frac{20}{7}$을 대분수로 나타내면 ☐ 입니다.

자연수 부분의 크기를 비교하면 ☐ < ☐ 이므로

☐ 이 ☐ 보다 더 작습니다.

따라서 ☐ 가 캔 감자가 더 적습니다.

답 _____

가분수를 대분수로
고쳐서 비교했을 때
자연수의 크기가
큰 대분수가 더
큰 분수야.

1. 동화책을 서연이는 $2\dfrac{8}{11}$ 시간, 준혁이는 $\dfrac{32}{11}$ 시간 읽었습

**대표
문제**

니다. 동화책을 더 오래 읽은 사람은 누구일까요?

생각하며 푼다!

$2\dfrac{8}{11}$ 을 가분수로 나타내면 ☐ 입니다.

분자의 크기를 비교하면 30 < ☐ 이므로

☐ 이(가) ☐ 보다 더 큽니다.

따라서 동화책을 더 오래 읽은 사람은 ☐ 입니다.

답 _____

2. 몸무게를 재었더니 지난달에 비해 민준이는 $\dfrac{10}{7}$ kg이 늘

었고, 성훈이는 $1\dfrac{5}{7}$ kg이 늘었습니다. 몸무게가 더 적게 늘

어난 사람은 누구일까요?

생각하며 푼다!

$1\dfrac{5}{7}$ 를 가분수로 나타내면 ☐ 입니다.

분자의 크기를 비교하면 ☐ < ☐ 이므로

☐ 이(가) ☐ 보다 더 작습니다.

따라서 몸무게가 더 적게 늘어난 사람은 ☐ 입니다.

답 _____

1. 32를 4씩 묶으면 12는 32의 몇 분의 몇일까요?

(   )

2. 지우는 동화책 21권 중 6권을 읽었습니다. 21을 3씩 묶으면 읽은 책 6권은 21권의 몇 분의 몇일까요?

(   )

3. 하루 24시간의 $\frac{5}{6}$는 몇 시간일까요?

(   )

4. 운동장에 있는 56명의 학생 중 $\frac{2}{7}$가 여학생입니다. 운동장에 있는 남학생은 몇 명일까요? (20점)

(   )

5. 분모가 17인 분수 중에서 분자가 12보다 크고 20보다 작은 가분수는 모두 몇 개일까요?

(   )

6. 다음 조건을 만족하는 대분수를 구하세요. (20점)

- 6보다 크고 7보다 작은 수입니다.
- 분모와 분자의 합은 13입니다.
- 분모와 분자의 차는 3입니다.

(   )

7. ☐ 안에 들어갈 수 있는 자연수는 모두 몇 개일까요?

$$2\frac{\square}{11} < \frac{28}{11}$$

(   )

8. 디저트 가게에서 치즈 케이크를 $3\frac{1}{12}$ 조각 팔았고, 당근 케이크를 $\frac{35}{12}$ 조각 팔았습니다. 어느 케이크를 더 많이 팔았나요?

(   )

다섯째 마당

나 혼자 풀이 과정을 완성하는

들이와 무게

우유나 주스의 용량을 말할 때 사용하는 L(리터), mL(밀리리터)가 들이의 단위이고,
몸무게를 말할 때 사용하는 kg(킬로그램), g(그램)이 바로 무게의 단위예요.
생활 속 문장제로 들이와 무게의 덧셈과 뺄셈을 해결해 보세요.

들이와 무게의 덧셈과 뺄셈도
같은 단위끼리 더하거나 빼세요!

⭐ ☐ 안에 알맞은 수를 써넣으세요.

🐭 속닥속닥
· 들이의 단위에는 리터와 밀리리터가 있어요.
· 1 리터는 1 L, 1 밀리리터는 1 mL라고 써요.
· 1 리터는 1000 밀리리터와 같아요.

리터	밀리리터
↓	↓
1 L = 1000 mL	

1. 7 L는 ☐ mL와 같습니다.

2. 2000 mL는 ☐ L와 같습니다.

3. 4 L 200 mL는 ☐ mL와 같습니다.

4. 6900 mL는 ☐ L ☐ mL와 같습니다.

5. 5 L 760 mL는 ☐ mL와 같습니다.

6. 3150 mL는 ☐ L ☐ mL와 같습니다.

들이는 어떤 통이나 용기(그릇) 안에 들어갈 수 있는 공간의 크기예요.

그릇의 들이

7. 1 L 40 mL는 ☐ mL와 같습니다.

8. 8030 mL는 ☐ L ☐ mL와 같습니다.

9. 우유 1 L 800 mL는 ☐ mL와 같습니다.

10. 물 2050 mL는 ☐ L ☐ mL와 같습니다.

1.

대표문제

○2 L○의 간장이 들어 있는 통에 ○700 mL○의 간장을 더 부었습니다. 통에 들어 있는 간장은 모두 몇 mL일까요?

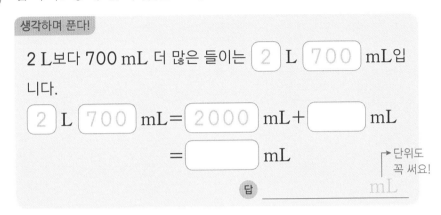

생각하며 푼다!

2 L보다 700 mL 더 많은 들이는 [2] L [700] mL입니다.

[2] L [700] mL = [2000] mL + [ ] mL

= [ ] mL

→ 단위도 꼭 써요!

답 _____ mL

★**2.** 윤하네 가족은 일주일 동안 우유를 6 L 350 mL 마셨습니다. 윤하네 가족이 일주일 동안 마신 우유는 몇 mL일까요?

_____

3. 준기는 하루에 물을 1450 mL 마십니다. 준기가 하루에 마신 물은 몇 L 몇 mL일까요?

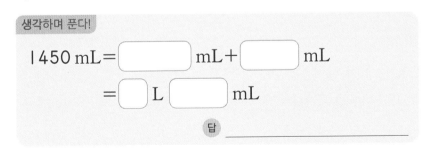

생각하며 푼다!

1450 mL = [ ] mL + [ ] mL

= [ ] L [ ] mL

답 _____

4. 욕조에 5080 mL의 물이 들어 있습니다. 욕조에 들어 있는 물은 몇 L 몇 mL일까요?

_____

속닥속닥

문제에서 숫자와 단위는 ○, 조건 또는 구하는 것은 ___로 표시해 보세요.

1. 1 L = 1000 mL
   2 L = 2000 mL

2. 6 L = 6000 mL

3. 1000 mL = 1 L입니다.
   1450 mL
   = 1000 mL + 450 mL
   = 1 L + 450 mL
   = 1 L 450 mL

1. ㉮ 병에 물이 ⟨1 L 800 mL⟩ 들어 있고 ㉯ 병에 물이 ⟨1680 mL⟩
대표
문제 들어 있습니다. 물이 더 많이 들어 있는 것은 어느 병일까요?

 속닥속닥

문제에서 숫자와 단위는 ○,
조건 또는 구하는 것은 ___로
표시해 보세요.

1. • 들이는 양이므로 들이
  를 비교할 때는 '많다',
  '적다'라는 말을 써요.
 • 주어진 단위가 다를 때
  는 같은 단위로 바꾼 다
  음 들이를 비교하세요.

> 생각하며 푼다!
>
> ㉯ 병의 물 1680 mL = ☐ L ☐ mL입니다.
>
> 따라서 ☐ L ☐ mL > ☐ L ☐ mL이므로
>
> 물이 더 많이 들어 있는 것은 ☐ 입니다.
>
> 답 _____

★2. 마트에서 우유 3500 mL와 주스 3 L 450 mL를 샀습
니다. 더 많이 산 것은 어느 것일까요?

> 생각하며 푼다!
>
> 주스 3 L 450 mL = ☐ mL입니다.
>
> 따라서 ☐ mL > ☐ mL이므로
>
> 더 많이 산 것은 ☐ 입니다.
>
> 답 _____

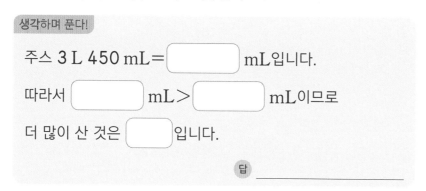 도전~ 나 혼자 풀이 완성!

3. ㉮ 병에 물이 2750 mL 들어 있고 ㉯ 병에 물이 2 L 75 mL
들어 있습니다. 물이 더 많이 들어 있는 것은 어느 병일까요?

> 생각하며 푼다!
>
> 답 _____

1. 우유가 ②L 450 mL, 식혜가 ②045 mL, 주스가 ②L
대표문제 500 mL 있습니다. 양이 많은 순서대로 쓰세요.

🐭 속닥속닥

문제에서 숫자와 단위는 ○,
조건 또는 구하는 것은 ___로
표시해 보세요.

1. 2000 mL=2 L

> **생각하며 푼다!**
>
> 식혜 2045 mL = [ ] L [ ] mL입니다.
>
> [ ] L [ ] mL > [ ] L [ ] mL >
>
> [ ] L [ ] mL이므로 양이 많은 순서대로 쓰면
>
> [ ], [ ], [ ] 입니다.
>
> 답 _____, _____, _____

2. 3 L=3000 mL

★2. 간장이 3095 mL, 기름이 3 L 590 mL, 식초가
3190 mL 있습니다. 양이 적은 순서대로 쓰세요.

> **생각하며 푼다!**
>
> 기름 3 L 590 mL = [ ] mL입니다.
>
> [ ] mL < [ ] mL < [ ] mL이므
>
> 로 양이 적은 순서대로 쓰면 [ ], [ ], [ ] 입니다.
>
> 답 _____, _____, _____

들이의 단위가 다르면
몇 L 몇 mL 또는
몇 mL 단위 중
한 가지로 통일해서
비교하면 돼.

3. 물을 준서는 1 L 150 mL, 민하는 1200 mL, 현기는
1050 mL 마셨습니다. 물을 많이 마신 순서대로 이름을
쓰세요.

_____, _____, _____

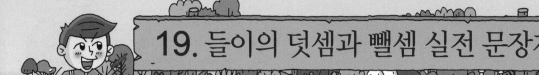
1. 약수터에서 준우는 〔1 L 400 mL〕의 물을, 아버지는 〔3 L 500 mL〕의 물을 받았습니다. 두 사람이 받은 물은 모두 몇 L 몇 mL일까요?

대표 문제

속닥속닥

문제에서 숫자와 단위는 ○,
조건 또는 구하는 것은 ___로
표시해 보세요.

생각하며 푼다!

(두 사람이 받은 물의 양)
=(준우가 받은 물의 양)+(아버지가 받은 물의 양)
= [1] L [400] mL + [ ] L [ ] mL
= [ ] L [ ] mL **답** _____ L _____ mL

계산하기

		L		mL
+		L		mL
		L		mL

2. 파란색 페인트 3 L 150 mL와 노란색 페인트 2 L 600 mL를 섞어서 초록색 페인트를 만들었습니다. 만든 초록색 페인트는 모두 몇 L 몇 mL일까요?

생각하며 푼다!

(초록색 페인트의 양)
=(파란색 페인트의 양)+(노란색 페인트의 양)
= [ ] L [ ] mL + [ ] L [ ] mL
= [ ] L [ ] mL **답** _____

계산하기

		L		mL
+		L		mL
		L		mL

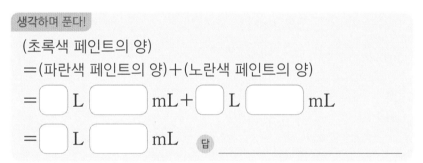

도전~ 나 혼자 풀이 완성!

3. 수조에 정현이는 물을 3 L 500 mL 부었고, 재인이는 5 L 250 mL 부었습니다. 두 사람이 수조에 부은 물은 모두 몇 L 몇 mL일까요?

생각하며 푼다!

계산하기

		L		mL
+		L		mL
		L		mL

답 _____

1. 민아네 가족은 어제 물을 ⟨3 L 500 mL⟩ 마셨고, 오늘은 어
제보다 ⟨1 L 400 mL⟩ 더 많이 마셨습니다. 민아네 가족이
어제와 오늘 마신 물은 모두 몇 L 몇 mL일까요?

**대표
문제**

> **생각하며 푼다!**
>
> (민아네 가족이 오늘 마신 물의 양)
>
> = ⟨3⟩ L ⟨500⟩ mL + ☐ L ☐ mL
>
> = ☐ L ☐ mL
>
> (민아네 가족이 어제와 오늘 마신 물의 양)
>
> = (어제 마신 물의 양) + (오늘 마신 물의 양)
>
> = ☐ L ☐ mL + ☐ L ☐ mL
>
> = ☐ L ☐ mL
>
> 답 _____

😺 도전~ 나 혼자 풀이 완성!

2. 경민이네 집 냉장고에는 우유가 1 L 800 mL 있고, 주스
는 우유보다 450 mL 더 많습니다. 경민이네 집 냉장고에
있는 우유와 주스는 모두 몇 L 몇 mL일까요?

> **생각하며 푼다!**
>
>
>
> 답 _____

🐀 **속담속닥**

문제에서 숫자와 단위는 ○,
조건 또는 구하는 것은 ___로
표시해 보세요.

1. mL 단위끼리의 합이
1000이거나 1000이 넘으
면 1000 mL를 1 L로
받아올림해요.

예)
```
     1
    4 L  800 mL
  + 2 L  500 mL
  ─────────────
    7 L  300 mL
```

받아올림이 있는
들이의 덧셈도 자연수의
덧셈과 방법은 같아.
mL 단위끼리의 합이
1000이거나 1000이
넘으면 L 단위로 1을
받아올림하면 돼.

1. 식용유 ⑤ L 600 mL 중에서 튀김을 만드는 데 ① L 150 mL

대표 문제 를 사용하였습니다. 남은 식용유는 몇 L 몇 mL일까요?

🐭 속닥속닥

문제에서 숫자와 단위는 ◯,
조건 또는 구하는 것은 ___로
표시해 보세요.

1. 들이의 뺄셈도 L는 L끼리,
mL는 mL끼리 빼면 돼요.

생각하며 푼다!

(남은 식용유의 양)
=(처음에 있던 식용유의 양)−(사용한 식용유의 양)
= ☐ L ☐ mL − ☐ L ☐ mL
= ☐ L ☐ mL 답 _____

2. 수경이 어머니께서 담그신 매실액 9 L 450 mL 중에서 이웃집에 나누어 주고 남은 매실액은 4 L 200 mL입니다. 이웃집에 나누어 준 매실액은 몇 L 몇 mL일까요?

생각하며 푼다!

(이웃집에 나누어 준 매실액의 양)
=(처음에 있던 매실액의 양)−(남은 매실액의 양)
= ☐ L ☐ mL − ☐ L ☐ mL
= ☐ L ☐ mL 답 _____

계산하기

	L	mL
−	L	mL
	L	mL

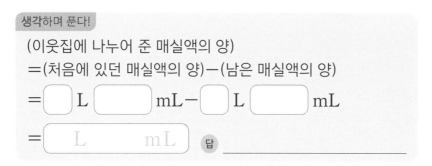

🐿 도전~ 나 혼자 풀이 완성!

3. 승기가 물통에 있던 물 4 L 700 mL를 친구들과 나누어 마셨더니 2 L 500 mL가 남았습니다. 친구들과 나누어 마신 물은 몇 L 몇 mL일까요?

생각하며 푼다!

답 _____

계산하기

	L	mL
−	L	mL
	L	mL

1. 유진이와 성훈이가 일주일 동안 마신 음료의 들이입니다. 누가 마신 음료의 들이가 몇 mL 더 많을까요?

대표
문제

	유진	성훈
주스	1 L 500 mL	2 L 200 mL
식혜	1 L 350 mL	1 L 400 mL

생각하며 푼다!

(유진이가 마신 음료의 양)

= ☐ 1 ☐ L ☐ 500 ☐ mL + ☐ L ☐ mL

= ☐ L ☐ mL

(성훈이가 마신 음료의 양)

= ☐ L ☐ mL + ☐ L ☐ mL

= ☐ L ☐ mL

따라서 ☐ 이가 마신 음료의 들이가

☐ L ☐ mL − ☐ L ☐ mL

= ☐ mL 더 많습니다.

답 _____ , _____

속닥속닥

문제에서 숫자와 단위는 ○,
조건 또는 구하는 것은 ＿로
표시해 보세요.

1. mL끼리 뺄 수 없으면
1 L=1000 mL이므로
L 단위에서 1000 mL를
받아내림해요.

예
```
     5   1000
   ⑥ L  200 mL
 − 1 L  800 mL
 ─────────────
   4 L  400 mL
```

★**2.** 준하와 현지가 각자 가지고 있는 물을 마시고 남은 물의 들이입니다. 누가 마신 물의 들이가 몇 mL 더 많을까요?

	준하	현지
처음에 있던 물	5 L 100 mL	4 L 200 mL
남은 물	3 L 400 mL	1 L 800 mL

받아내림이 있는
들이의 뺄셈이
자연수의 뺄셈과
다른 점은 L 단위에서
10이 아닌 1000을
받아내림한다는 거야!

_____ , _____

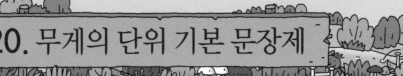

⭐ ☐ 안에 알맞은 수를 써넣으세요.

1. 2 kg은 ☐ g과 같습니다.

2. 8000 kg은 ☐ t과 같습니다.

3. 1 kg 700 g은 ☐ g과 같습니다.

4. 6300 g은 ☐ kg ☐ g과 같습니다.

5. 4 kg 650 g은 ☐ g과 같습니다.

6. 7630 g은 ☐ kg ☐ g과 같습니다.

7. 9 kg 40 g은 ☐ g과 같습니다.

8. 3005 g은 ☐ kg ☐ g과 같습니다.

9. 책 4 kg 150 g은 ☐ g과 같습니다.

10. 쌀 1720 g은 ☐ kg ☐ g과 같습니다.

🐭 속닥속닥

• 무게는 어떤 물건의 무거운 정도를 말해요.

• 무게의 단위에는 그램과 킬로그램이 있어요.

• 1 그램은 1 g, 1 킬로그램은 1 kg이라고 써요.
1 킬로그램은 1000 그램과 같아요.

킬로그램	그램
↓	↓
1 kg = 1000 g	

• 1000 kg의 무게를 1 t이라 쓰고 1톤이라고 읽어요.

1 t = 1000 kg

1. ⟨4 kg⟩의 귤이 들어 있는 상자에 ⟨830 g⟩의 귤을 더 담았습니다. 상자에 들어 있는 귤은 모두 몇 g일까요?

🐻 속닥속닥
문제에서 숫자와 단위는 ○,
조건 또는 구하는 것은 ___로
표시해 보세요.

1. 1 kg=1000 g
4 kg=4000 g

생각하며 푼다!

4 kg보다 830 g 더 많은 무게는 ⟨4⟩ kg ⟨830⟩ g입니다.

⟨4⟩ kg ⟨830⟩ g=⬚ g+⬚ g

=⬚ g

답 _____

2. 지우의 책가방 무게는 2 kg 70 g입니다. 지우의 책가방 무게는 몇 g일까요?

_____

3. 어머니께서 방울토마토 1240 g을 사 오셨습니다. 어머니께서 사 오신 방울토마토는 몇 kg 몇 g일까요?

3. 1000 g=1 kg

생각하며 푼다!

1240 g=⬚ g+240 g

=⬚ kg ⬚ g

답 _____

★4. 명수네 집에서 한 달 동안 5045 g의 쌀을 소비하였습니다. 명수네 집에서 한 달 동안 소비한 쌀은 몇 kg 몇 g일까요?

_____

1. 강아지의 무게는 ⟨3 kg 270 g⟩이고 고양이의 무게는 ⟨3300 g⟩
대표문제 입니다. 어느 동물의 무게가 더 무거울까요?

🐭 속닥속닥

문제에서 숫자와 단위는 ○,
조건 또는 구하는 것은 ___로
표시해 보세요.

1. 단위를 몇 g 단위로 통일
하여 비교할 수도 있어요.

> **생각하며 푼다!**
>
> 고양이의 무게는 3300 g= ☐ kg ☐ g입니다.
>
> 따라서 ☐ kg ☐ g> ☐ kg ☐ g이므로
>
> ☐ 의 무게가 더 무겁습니다.
>
> 답 _____

2. 헌 종이를 명훈이는 2095 g 모았고 경석이는 2 kg 120 g
모았습니다. 헌 종이를 누가 더 많이 모았을까요?

2. 단위를 몇 kg 몇 g 단위로
통일하여 비교할 수도 있
어요.

> **생각하며 푼다!**
>
> 경석이가 모은 헌 종이는 2 kg 120 g= ☐ g입니다.
>
> 따라서 ☐ g> ☐ g이므로
>
> 헌 종이를 ☐ 이가 더 많이 모았습니다.
>
> 답 _____

★3. 준영이가 딴 사과의 무게는 5 kg 420 g이고 지석이가 딴
사과의 무게는 5160 g입니다. 누가 딴 사과의 무게가 더
무거울까요?

3. 무게는 '무겁다', '가볍다'
로 표현해요.

_____

4. 어머니와 수정이가 시장에서 수박을 고르고 있습니다. 어머
니가 고른 수박의 무게는 7200 g이고 수정이가 고른 수박
의 무게는 7 kg 180 g입니다. 누가 고른 수박의 무게가 더
무거울까요?

_____

1. 무게가 무거운 순서대로 기호를 쓰세요.

> ㉠ 7 kg   ㉡ 7905 g   ㉢ 7 kg 950 g

생각하며 푼다!

7905 g= ☐ kg ☐ g입니다.

☐ kg ☐ g > ☐ kg ☐ g > ☐ kg이므로

무게가 무거운 순서대로 기호를 쓰면 ☐ , ☐ , ☐ 입니다.

답 _____ , _____ , _____

속닥속닥

1. 단위를 몇 g 또는 몇 kg 몇 g 단위 중 하나로 통일하여 비교해 보세요.

2. 무게가 가벼운 순서대로 기호를 쓰세요.

> ㉠ 4810 g   ㉡ 4 kg 780 g   ㉢ 5003 g

_____ , _____ , _____

★3. 세 친구의 책가방의 무게를 재었더니 다음과 같았습니다. 무게가 무거운 순서대로 이름을 쓰세요.

서준	여정	민석
2005 g	2 kg 500 g	2050 g

3. 몇 g 단위가 2개이므로 2 kg 500 g도 몇 g 단위로 고치면 비교하기 편리해요.

생각하며 푼다!

2 kg 500 g= ☐ g입니다.

☐ g > ☐ g > ☐ g이므로 무게가

무거운 순서대로 이름을 쓰면 ☐ , ☐ , ☐ 입니다.

답 _____ , _____ , _____

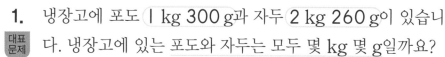

21. 무게의 덧셈과 뺄셈 실전 문장제

1.
대표문제 냉장고에 포도 1 kg 300 g과 자두 2 kg 260 g이 있습니다. 냉장고에 있는 포도와 자두는 모두 몇 kg 몇 g일까요?

> 생각하며 푼다!

(포도와 자두의 무게)

$$= \boxed{} \text{ kg } \boxed{} \text{ g} + \boxed{} \text{ kg } \boxed{} \text{ g}$$

포도의 무게 ⎯ 자두의 무게

$$= \boxed{} \text{ kg } \boxed{} \text{ g}$$

답 _____

2. 선우의 몸무게는 30 kg 450 g이고 민혁이의 몸무게는 선우의 몸무게보다 1200 g 더 무겁습니다. 민혁이의 몸무게는 몇 kg 몇 g일까요?

> 생각하며 푼다!

$$1200 \text{ g} = \boxed{} \text{ kg } \boxed{} \text{ g입니다.}$$

(민혁이의 몸무게)

$$= \boxed{} \text{ kg } \boxed{} \text{ g} + \boxed{} \text{ kg } \boxed{} \text{ g}$$

선우의 몸무게 ⎯ 더 무거운 몸무게

$$= \boxed{} \text{ kg } \boxed{} \text{ g}$$

답 _____

🐱 도전~ 나 혼자 풀이 완성!

3. 냉장고에 쇠고기가 1600 g, 돼지고기가 2100 g 있습니다. 냉장고에 있는 쇠고기와 돼지고기는 모두 몇 g일까요?

> 생각하며 푼다!

답 _____

🐭 **속닥속닥**

문제에서 숫자와 단위는 ◯, 조건 또는 구하는 것은 ___로 표시해 보세요.

1. kg은 kg끼리, g은 g끼리 더해 줘요.

2. 묻는 단위가 몇 kg 몇 g이므로 먼저 1200 g을 몇 kg 몇 g 단위로 통일해요.

계산하기

	kg		g
+	kg		g
	kg		g

1. 정환이는 사과를 어제는 3 kg 400 g 땄고 오늘은 어제보
대표 다 1 kg 300 g 더 많이 땄습니다. 어제와 오늘 딴 사과는
문제 모두 몇 kg 몇 g일까요?

속닥속닥

문제에서 숫자와 단위는 ○,
조건 또는 구하는 것은 __로
표시해 보세요.

1. g끼리 더한 값이 1000이거
나 1000이 넘으면 1000 g
을 1 kg으로 받아올림해요.

예
$$\begin{array}{r} 1 \\ 2 \text{ kg} \quad 800 \text{ g} \\ + 3 \text{ kg} \quad 600 \text{ g} \\ \hline 6 \text{ kg} \quad 400 \text{ g} \end{array}$$

생각하며 푼다!

(오늘 딴 사과의 무게)

　　어제 딴 사과의 무게　　　더 많이 딴 사과의 무게

= ⎡3⎤ kg ⎡400⎤ g + ⎡　⎤ kg ⎡　　⎤ g

= ⎡　⎤ kg ⎡　　⎤ g

(어제와 오늘 딴 사과의 무게)

　　어제 딴 사과의 무게　　　오늘 딴 사과의 무게

= ⎡　⎤ kg ⎡　　⎤ g + ⎡　⎤ kg ⎡　　⎤ g

= ⎡　⎤ kg ⎡　　⎤ g

답 ＿＿＿＿＿＿＿＿＿＿＿＿

도전~ 나 혼자 풀이 완성!

2. 동생의 몸무게는 22 kg 500 g이고 현수의 몸무게는 동생
의 몸무게보다 8300 g 더 무겁습니다. 동생과 현수의 몸
무게는 모두 몇 kg 몇 g일까요?

받아올림이 있는
무게의 덧셈도
g 단위끼리의 합이
1000이거나 1000이
넘으면 kg 단위로 1을
받아올림하면 돼.

생각하며 푼다!

답 ＿＿＿＿＿＿＿＿＿＿＿＿

1. 진수네 가족이 밭에서 고구마 $\boxed{7\ kg\ 600\ g}$을 캤습니다. 이 중에서 $\boxed{2\ kg\ 420\ g}$을 구워 먹었다면 남은 고구마의 무게는 몇 kg 몇 g일까요?

속닥속닥
문제에서 숫자와 단위는 ○,
조건 또는 구하는 것은 ___로
표시해 보세요.

생각하며 푼다!

(남은 고구마의 무게)

=(캔 고구마의 무게)−(구워 먹은 고구마의 무게)

= ☐ kg ☐ g − ☐ kg ☐ g

= ☐ kg ☐ g

답 _____

계산하기

		kg		g
−		kg		g
		kg		g

2. 4 kg 800 g까지 담을 수 있는 가방에 3250 g의 책이 들어 있습니다. 몇 kg 몇 g을 더 담을 수 있을까요?

생각하며 푼다!

3250 g= ☐ kg ☐ g입니다.

(더 담을 수 있는 무게)

=(담을 수 있는 무게)−(책의 무게)

= ☐ kg ☐ g − ☐ kg ☐ g

= ☐ kg ☐ g

답 _____

계산하기

		kg		g
−		kg		g
		kg		g

★3. 몸무게가 30 kg 100 g인 수연이가 가방을 메고 저울에 올라가 저울의 눈금을 보았더니 36 kg 700 g이었습니다. 가방의 무게는 몇 kg 몇 g일까요?

_____

계산하기

		kg		g
−		kg		g
		kg		g

1. 똑같은 무게의 파인애플 ④개를 담은 상자의 무게는 ④kg
⑤⑥⑤⑥ g입니다. 빈 상자의 무게가 ①kg ⑤⑥ g일 때 파인애플
한 개의 무게는 몇 g일까요?

대표
문제

> **생각하며 푼다!**
>
> (파인애플 4개의 무게)
> =(파인애플을 담은 상자의 무게)−(빈 상자의 무게)
> =◻ kg ◻ g−◻ kg ◻ g
> =◻ kg ◻ g=◻ g
> (파인애플 한 개의 무게)
> =(파인애플 4개의 무게)÷(파인애플 수)
> =◻ ÷ 4 =◻ (g)
>
> 답 _____

🐭 속닥속닥

문제에서 숫자와 단위는 ○,
조건 또는 구하는 것은 ___로
표시해 보세요.

1. 2400÷6의 계산은
   24÷6의 계산 결과에
   0을 2개 붙여 주면 돼요.
   24÷6=4
   ↓
   2400÷6=400

계산하기

```
     ◻ kg ◻ g
  −  ◻ kg ◻ g
  ─────────────
     ◻ kg ◻ g
```

2. 똑같은 무게의 인형 5개를 담은 상자의 무게는 6 kg 200 g
입니다. 빈 상자의 무게가 3 kg 700 g일 때 인형 한 개의
무게는 몇 g일까요?

> **생각하며 푼다!**
>
> (인형 5개의 무게)
> =(인형을 담은 상자의 무게)−(빈 상자의 무게)
> =◻ kg ◻ g−◻ kg ◻ g
> =◻ kg ◻ g=◻ g
> (인형 한 개의 무게)
> =(인형 5개의 무게)÷(인형 수)
> =◻ ÷ ◻ =◻ (g)
>
> 답 _____

2. g끼리 뺄 수 없을 경우에
   는 1 kg=1000 g이므로
   1000 g을 받아내림해요.

   예
   ```
        3   1000
       ⁴ kg  200 g
     − 1 kg  700 g
     ──────────────
       2 kg  500 g
   ```

계산하기

```
     ◻ kg ◻ g
  −  ◻ kg ◻ g
  ─────────────
     ◻ kg ◻ g
```

5. 들이와 무게

1. 서연이네 가족은 물을 3 L 840 mL 마셨습니다. 서연이네 가족이 마신 물은 몇 mL일까요?

( )

2. ㉮ 병에 우유가 1080 mL 들어 있고, ㉯ 병에 우유가 1 L 120 mL 들어 있습니다. 어느 병에 우유가 더 많이 들어 있을까요?

( )

3. 빨간색 페인트 3 L 700 mL와 파란색 페인트 5 L 200 mL를 섞어서 보라색 페인트를 만들었습니다. 만든 보라색 페인트는 모두 몇 L 몇 mL일까요?

( )

4. 포도 주스 3 L 850 mL를 친구들과 나누어 마셨더니 1 L 300 mL가 남았습니다. 친구들과 나누어 마신 포도 주스는 몇 L 몇 mL일까요?

( )

5. 6 kg의 콩이 들어 있는 통에 830 g의 콩을 더 넣었습니다. 통에 들어 있는 콩은 모두 몇 g일까요?

( )

6. 경수가 주운 밤의 무게는 2 kg 680 g이고, 수민이가 주운 밤의 무게는 2850 g입니다. 누가 주운 밤의 무게가 더 무거울까요?

( )

7. 현주의 몸무게는 31 kg 650 g이고 언니의 몸무게는 현주의 몸무게보다 5700 g 더 무겁습니다. 두 사람의 몸무게를 더하면 모두 몇 kg일까요?
(20점)

( )

8. 7 kg 100 g까지 담을 수 있는 상자에 4500 g의 물건이 들어 있습니다. 상자에 몇 kg 몇 g을 더 담을 수 있을까요? (20점)

( )

여섯째 마당

나 혼자 풀이 과정을 완성하는
자료의 정리

여섯째 마당에서는 **자료를 표나 그림그래프로 나타내는 방법**을 배웁니다.
표는 각각의 수와 합계를 쉽게 알 수 있고,
그림그래프는 조사한 자료의 수를 쉽게 비교할 수 있어요.
표와 그림그래프를 읽고 직접 표현하는 능력까지 길러 보세요.

그림그래프를 그릴 때 자료의 특징을
가장 잘 나타내는 그림을 선택하세요.

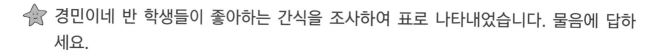

⭐ 경민이네 반 학생들이 좋아하는 간식을 조사하여 표로 나타내었습니다. 물음에 답하세요.

좋아하는 간식별 학생 수

간식	피자	닭강정	떡볶이	핫도그	합계
학생 수(명)	9	12	7	4	32

1. 피자를 좋아하는 학생은 몇 명일까요?

_____

2. 닭강정을 좋아하는 학생 수는 핫도그를 좋아하는 학생 수의 몇 배일까요?

_____

3. 가장 많은 학생이 좋아하는 간식은 무엇일까요?

_____

4. 좋아하는 학생 수가 많은 간식부터 순서대로 쓰세요.

_____, _____, _____, _____

경원이네 반 남학생과 여학생이 현장 체험 학습 장소를 조사하였습니다. 물음에 답하세요.

가고 싶은 장소별 학생 수

장소	과학관	박물관	생태체험학습관	공연장	합계
남학생 수(명)	3	5	6	4	
여학생 수(명)	4	1	3	7	

1. 조사한 학생은 모두 몇 명일까요?

                                                   _____

2. 가장 많은 학생이 가고 싶은 장소는 어디일까요?

                                                   _____

3. 가고 싶은 장소의 학생 수가 많은 장소부터 순서대로 쓰세요.

    _____, _____, _____, _____

4. 현장 체험 학습 장소로 어디로 가면 좋을지 고르고 그 이유를 쓰세요.

    장소 _____

    이유 가고 싶은 장소의 학생 수가 _____

    _____

⭐ 서영이네 학급문고에 있는 종류별 책의 수를 그림그래프로 나타내었습니다. 물음에 답하세요.

종류별 책의 수

🐭 조사한 수를 그림으로 나타낸 그래프를 그림그래프라고 해요.

종류	책의 수
동화책	책 책 책 책 책 책 책 책 책 책 책
위인전	책 책 책 책 책 책 책 책 책
과학책	책 책 책 책 책 책 책 책 책 책
역사책	책 책 책 책 책 책 책 책 책

책 │ 0권

책 │ 권

🐭 그림의 크기나 모양으로 자료의 양을 나타내요.

1. 그림 📘과 📄은 각각 몇 권을 나타내나요?

📘 _____ , 📄 _____

2. 위인전은 몇 권인가요?

_____

3. 역사책은 과학책보다 몇 권 더 많은가요?

_____

4. 가장 많이 있는 책의 종류는 무엇인가요?

_____

5. 가장 적게 있는 책의 종류는 무엇인가요?

_____

⭐ 어느 음식점에서 일주일 동안 팔린 음식의 수를 그림그래프로 나타내었습니다. 물음에
답하세요.

일주일 동안 팔린 음식 수

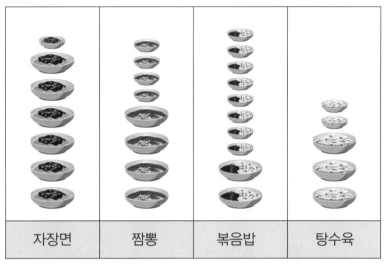

🥣 100 그릇

🥣 10 그릇

1. 팔린 음식은 각각 몇 그릇인가요?

　　　　　　　자장면 _____ ,　짬뽕 _____ ,

　　　　　　　볶음밥 _____ , 탕수육 _____

2. 일주일 동안 많이 팔린 음식부터 순서대로 쓰세요.

_____ , _____ , _____ , _____

3. 팔린 자장면과 짬뽕은 몇 그릇 차이인가요?

_____

4. 음식점 주인이라면 다음 주에는 어떤 음식의 재료를 더 준비하면 좋을지 쓰세요.

볶음밥의 재료보다 _____ 의 재료를 더 많이 준비해야 합니다.

⭐ 슬기네 마을에서 일주일 동안 생산한 포도 생산량을 조사하여 표로 나타내었습니다. 물음에 답하세요.

마을별 포도 생산량

마을	가	나	다	라	합계
생산량(kg)	51	34	62	27	174

🐭 생산량이 두 자리 수니까
10 kg과 1 kg으로 나타내면 좋아요.

1. 표를 보고 그림그래프를 그릴 때 그림을 몇 가지로 나타내는 것이 좋을까요?

_____

2. 그림그래프를 그릴 때 그림 🍇과 🍇은 각각 몇 kg을 나타내는 것이 좋을까요?

🍇 _____ , 🍇 _____

3. 표를 보고 그림그래프를 완성해 보세요.

마을별 포도 생산량

마을	생산량
가	🍇 🍇 🍇 🍇 🍇 🍇
나	
다	
라	

🍇 10 kg
🍇 1 kg

4. 포도 생산량이 가장 많은 마을은 어느 마을인가요?

_____

⭐ 지훈이네 반에서 모둠별로 받은 칭찬 붙임딱지 수를 조사하여 표로 나타내었습니다. 물음에 답하세요.

모둠별 칭찬 붙임딱지 수

모둠	화목	친절	기쁨	미소	합계
칭찬 붙임딱지 수(장)	62	48	73	39	222

1. 표를 보고 그림그래프를 완성해 보세요.

모둠	붙임딱지 수
화목	
친절	
기쁨	
미소	

♥ [ ]장
♥ [ ]장

2. 그림그래프에서 ♥와 ♥는 각각 몇 장을 나타내나요?

♥ _____, ♥ _____

3. 화목 모둠과 미소 모둠의 칭찬 붙임딱지 수의 차는 몇 장인가요?

_____

4. 칭찬 붙임딱지 수가 많은 모둠부터 순서대로 쓰세요.

_____, _____, _____,

⭐ 학교별 학생 수를 표와 그림그래프로 나타내려고 합니다. 물음에 답하세요.

학교별 학생 수

초등학교	한별	큰별	샛별	햇별	합계
학생 수(명)	536	624	417		1950

1. 학교별 학생 수에 알맞은 그림그래프를 그릴 때 그림 ◎, ●, ○는 각각 몇 명을 나타내는 것이 좋을까요?

◎ ___100명___ , ● _____ , ○ _____

2. 햇별 초등학교의 학생 수는 몇 명인가요?

_____

3. 표를 보고 그림그래프를 완성해 보세요.

학교별 학생 수

초등학교	학생 수
한별	
큰별	
샛별	
햇별	

◎ [   ] 명
● [   ] 명
○ [   ] 명

4. 학생 수가 적은 초등학교부터 순서대로 쓰세요.

_____ , _____ , _____ , _____

윤서네 학교 3학년 학생들의 동아리별 참가한 학생 수를 조사하여 표로 나타내었습니다. 물음에 답하세요.

동아리별 참가 학생 수

동아리	독서	수공예	오케스트라	연극	합계
학생 수(명)	47	18	32	29	126

1. 조사한 표를 보고 그림그래프를 완성해 보세요.

동아리	학생 수
독서	
수공예	
오케스트라	
연극	

◎ 10명
○ 1명

2. 조사한 표를 보고 그림그래프를 완성해 보세요.

동아리	학생 수
독서	◎ ◎ ◎ ◎ △ ○ ○
수공예	
오케스트라	
연극	

◎ 10명
△ 5명
○ 1명

☆ 혜수네 학교 학생들이 좋아하는 과일을 조사하여 표로 나타내었습니다. 물음에 답하세요. [1~4]

좋아하는 과일별 학생 수

과일	사과	딸기	수박	포도
학생 수(명)	24	19	15	32

1. 조사한 학생은 모두 몇 명일까요?

( )

2. 가장 많은 학생이 좋아하는 과일은 무엇일까요?

( )

3. 가장 적은 학생이 좋아하는 과일은 무엇일까요?

( )

4. 사과를 좋아하는 학생은 수박을 좋아하는 학생보다 몇 명 더 많을까요?

( )

☆ 지영이네 반 모둠별 읽은 책 수를 표로 나타내었습니다. 물음에 답하세요. [5~8]

모둠별 읽은 책 수

모둠	화목	다정	친절	웃음	합계
책 수(권)	26	14	31	23	94

5. 표를 보고 그림그래프를 완성해 보세요. (30점)

모둠	책 수
화목	
다정	
친절	
웃음	

📕 10권
📕 1권

6. 그림그래프에서 📕과 📕은 각각 몇 권을 나타내나요?

📕 ( ), 📕 ( )

7. 읽은 책 수가 가장 많은 모둠은 어느 모둠일까요?

( )

8. 읽은 책 수가 가장 적은 모둠은 어느 모둠일까요?

( )

나 혼자 푼다! 수학 문장제

3학년 2학기

정답 및 풀이

첫째 마당·곱셈

01. (세 자리 수)×(한 자리 수) 기본 문장제

10쪽

1. 936
2. 250
3. 3320원
4. 4750원
5. 1050원

11쪽

1. 생각하며 푼다! 137, 2, 274
   답 274개
2. 생각하며 푼다! 상자 수, 152, 4, 608
   답 608개
3. 생각하며 푼다!
   예 (5자루에 담은 밤 수)
   =(한 자루에 담은 밤 수)×(자루 수)
   =243×5=1215(개)
   답 1215개

12쪽

1. 생각하며 푼다! 173, 3, 519
   답 519쪽
2. 생각하며 푼다! 128, 4, 512
   답 512권
3. 생각하며 푼다! 도서관에 꽂혀 있는 책 수,
   412×8=3296
   답 3296권

13쪽

1. 생각하며 푼다! 132, 7, 924
   답 924번
2. 생각하며 푼다! 467, 3, 1401
   답 1401 m
3. 생각하며 푼다! 23, 24, 125, 125, 6, 750
   답 750묶음

14쪽

1. 생각하며 푼다! 748, 5, 3740
   답 3740명
2. 생각하며 푼다! 132, 6, 792
   답 792명
3. 생각하며 푼다! 265×4=1060
   답 1060번

15쪽

1. 생각하며 푼다! 417, 3, 1251, 286, 5, 1430,
   1251, <, 1430, 장난감
   답 장난감
2. 생각하며 푼다! 417, 4, 1668, 164, 7, 1148,
   1668, >, 1148, 빨간색
   답 빨간색 상자

16쪽

1. 생각하며 푼다! 164, 984, 5, 100, 984, 100,
   884
   답 884 cm
2. 생각하며 푼다! 127, 4, 508, 3, 108,
   508−108=400
   답 400 cm

17쪽

1. 생각하며 푼다! 293, 7, 286, 286, 2002
   답 2002
2. 생각하며 푼다! 4, 562, 562, 4, 558, 558,
   2232
   답 2232
3. 생각하며 푼다!
   예 어떤 수를 □라 하면
   □+9=345, □=345−9, □=336입니다.
   따라서 바르게 계산하면
   336×9=3024입니다.
   답 3024

18쪽

1. 생각하며 푼다! 50, 90, 4500

   답 4500장

2. 생각하며 푼다! 24, 60, 24, 60, 1440

   답 1440분

3. 생각하며 푼다! $30 \times 72 = 2160$

   답 2160개

19쪽

1. 생각하며 푼다! 6, 25, 150

   답 150장

2. 생각하며 푼다! 줄을 선, 8, 26, 208

   답 208명

3. 생각하며 푼다! 31, $4 \times 31 = 124$

   답 124개

20쪽

1. 생각하며 푼다! 24, 17, 408

   답 408개

2. 생각하며 푼다! 상자 수, 12, 86, 1032

   답 1032병

3. 생각하며 푼다!

   예 (43상자에 들어 있는 과자 수)

   =(한 상자에 들어 있는 과자 수)×(상자 수)

   =$32 \times 43 = 1376$(개)

   답 1376개

21쪽

1. 생각하며 푼다! 71, 42, 29, 29, 1218

   답 1218

2. 생각하며 푼다! 16, 16, 58, 74, $74 \times 58 = 4292$

   답 4292

3. 생각하며 푼다!

   예 어떤 수를 □라 하면 □+23=82,

   □=82−23, □=59입니다.

   따라서 바르게 계산하면 $59 \times 23 = 1357$입니다.

   답 1357

22쪽

1. 생각하며 푼다! 1080, <, 1440, >, 4

   답 4

2. 생각하며 푼다! 270, 288, 324, 288, 5

   답 5

3. 6

---

3. $72 \times \boxed{5}0 = 3600 < 4000$,

   $72 \times \boxed{6}0 = 4320 > 4000$입니다.

   따라서 □ 안에 들어갈 수 있는 가장 작은 수는 6입니다.

23쪽

1. 생각하며 푼다! 8, 8, 6, 3, 3698, 8, 3, 6, 3818,
   83, 46, 3818

   답 $83 \times 46 = 3818$

2. 생각하며 푼다! 7, 7, 5, 2, 6150, 7, 2, 5, 6120,
   $75 \times 82 = 6150$

   답 $75 \times 82 = 6150$

24쪽

1. 생각하며 푼다! 9, 6, 5, 1, 9, 6, 95, 61, 5795,
   91, 65, 5915, 91, 65, 5915

   답 $91 \times 65 = 5915$

2. 생각하며 푼다! 8, 7, 4, 2, 8, 7, 84, 72, 6048,
   82, 74, 6068, $82 \times 74 = 6068$

   답 $82 \times 74 = 6068$

25쪽

1. 생각하며 푼다! 2, 3, 5, 8, 2, 3, 25, 38, 950,
   28, 35, 980, 25, 38, 950

   답 $25 \times 38 = 950$

2. 생각하며 푼다! 1, 4, 7, 9, 1, 4, 17, 49, 833,
   19, 47, 893, $17 \times 49 = 833$

   답 $17 \times 49 = 833$

26쪽

1. 생각하며 푼다! 33, 33, 28, 924
   답 924권

2. 생각하며 푼다! 35, 35×36=1260
   답 1260장

3. 976쪽

- -

3. (3월과 4월 두 달 동안 읽은 과학책 쪽수)
   =(하루에 읽은 과학책 쪽수)×(읽은 날수)
   =16×61=976(쪽)

27쪽

1. 생각하며 푼다! 42, 25, 42, 1050
   답 1050쪽

2. 생각하며 푼다! 21, 15×21=315
   답 315문제

3. 생각하며 푼다!
   예 (4주 동안 한 윗몸 일으키기 횟수)
   =(하루에 한 윗몸 일으키기 횟수)×(날수)
   =13×28=364(회)
   답 364회

28쪽

1. 생각하며 푼다! 50, 18, 900, 50, 26, 1300,
   900, 1300, 2200
   답 2200원

2. 생각하며 푼다! 15, 27, 405, 18, 24, 432,
   405+432=837
   답 837명

3. 6900개

- -

3. (46일 동안 만든 딸기 와플 수)
   =67×46=3082(개)
   (46일 동안 만든 생크림 와플 수)
   =83×46=3818(개)
   따라서 46일 동안 와플을 모두
   3082+3818=6900(개) 만들 수 있습니다.

29쪽

1. 생각하며 푼다! 25, 70, 1750, 30, 46, 1380,
   색종이, 1750, 1380, 370
   답 색종이, 370장

2. 생각하며 푼다! 24, 63, 1512, 42, 35, 1470,
   망고, 1512-1470=42
   답 망고, 42개

3. 지후, 18쪽

- -

3. (윤서가 읽은 동화책 쪽수)=14×27=378(쪽)
   (지후가 읽은 동화책 쪽수)=18×22=396(쪽)
   따라서 지후가 동화책을 396-378=18(쪽) 더
   많이 읽었습니다.

 단원평가 이렇게 나와요! **30쪽**

1. 896개　　　　2. 2862 m
3. 1292개　　　　4. 740명
5. 1971　　　　6. 777 cm
7. 560회
8. 72×54=3888, 25×47=1175

3. (두발자전거 바퀴 수)=358×2=716(개)
   (세발자전거 바퀴 수)=192×3=576(개)
   → 716+576=1292(개)

5. 어떤 수를 □라 하면
   □-27=46, □=46+27, □=73입니다.
   따라서 바르게 계산하면 73×27=1971입니다.

6. (색 테이프 15개의 길이의 합)
   =63×15=945 (cm)
   (겹쳐진 부분의 길이의 합)
   =12×14=168 (cm)
   (이어 붙인 색 테이프의 전체 길이)
   =945-168=777 (cm)

둘째 마당·나눗셈

 06. (몇십)÷(몇), (몇십몇)÷(몇) 기본 문장제

32쪽

1. 생각하며 푼다! 40, 2, 20
   답 20개

2. 생각하며 푼다! 90, 3, 30
   답 30장

3. 생각하며 푼다! 48, 32, 80, 80÷8=10
   답 10송이

33쪽

1. 생각하며 푼다! 30, 2, 15
   답 15권

2. 생각하며 푼다! 70, 5, 14
   답 14명

3. 생각하며 푼다! 47, 43, 90, 90÷6=15
   답 15줄

34쪽

1. 생각하며 푼다! 50, 2, 25
   답 25명

2. 생각하며 푼다! 60, 4, 15
   답 15명

3. 생각하며 푼다! 90÷5=18
   답 18일

35쪽

1. 생각하며 푼다! 33, 3, 11
   답 11명

2. 생각하며 푼다! 상자 수, 62, 2, 31
   답 31개

3. 생각하며 푼다! 48÷4=12
   답 12명

07. (몇십몇)÷(몇) 기본 문장제

36쪽

1. 생각하며 푼다! 56, 4, 14
   답 14마리

2. 생각하며 푼다! 92, 4, 23
   답 23 cm

3. 생각하며 푼다! 91÷7=13
   답 13쪽

37쪽

1. 생각하며 푼다! 65, 5, 13
   답 13개

2. 생각하며 푼다! 52, 4, 13
   답 13명

3. 생각하며 푼다! 한 통에 담는 야구공 수, 야구공, 통, 84, 7, 12
   답 12개

38쪽

1. 생각하며 푼다! 17, 3, 5, 2, 5, 2
   답 5명, 2개

2. 생각하며 푼다! 36, 5, 7, 1, 7, 1
   답 7장, 1장

3. 생각하며 푼다! 61, 8, 7, 5, 필요한 바구니, 7, 망고, 5
   답 7개, 5개

39쪽

1. 생각하며 푼다! 40, 6, 6, 4, 6, 4
   답 6명, 4권

2. 생각하며 푼다! 45, 7, 6, 3, 6, 탁구공, 3
   답 6모둠, 3개

3. 생각하며 푼다! 31, 4, 7, 3, 필요한 상자, 7, 애플파이, 3
   답 7상자, 3개

40쪽

1. 생각하며 푼다! 35, 2, 17, 1, 17, 1
   답 17개, 1개
2. 생각하며 푼다! 77, 6, 12, 5, 12, 5
   답 12개, 5개
3. 생각하며 푼다! 7, 84, 84, 5, 16, 4, 16, 4
   답 16명, 4자루

41쪽

1. 생각하며 푼다! 55, 3, 18, 1, 18, 1
   답 18봉지, 1개
2. 생각하며 푼다! 70, 4, 17…2, 17
   답 17상자
3. 생각하며 푼다!
   예 94÷8=11…6입니다.
   따라서 오이를 11봉지까지 팔 수 있습니다.
   답 11봉지

42쪽

1. 생각하며 푼다! 86, 7, 12, 2, 12, 2, 2, 12, 13
   답 13개
2. 생각하며 푼다! 69, 5, 13, 4, 13, 4, 4, 13, 14
   답 14상자

43쪽

1. 생각하며 푼다! 90, 8, 11, 2, 11, 2, 2, 8, 2, 6
   답 6개
2. 생각하며 푼다! 81, 6, 13, 3, 13, 3, 3, 6, 3, 3
   답 3개
3. 1개

- -

3. 44÷3=14…2이므로 딸기는 14개씩 나누어 담
   고 2개가 남습니다.
   따라서 남은 2개도 담아야 하므로
   딸기는 적어도 3−2=1(개) 더 필요합니다.

44쪽

1. 생각하며 푼다! 6, 42, 42, 4, 46, 46
   답 46
2. 생각하며 푼다! 9, 2, 9, 27, 27, 2, 29, 29
   답 29
3. 생각하며 푼다!
   예 어떤 수를 □라 하면 □÷6=8…5에서
   6×8=48, 48+5=□, □=53입니다.
   따라서 어떤 수는 53입니다.
   답 53

45쪽

1. 생각하며 푼다! 6, 30, 30, 3, 33, 33, 8, 1, 8, 1
   답 몫: 8, 나머지: 1
2. 생각하며 푼다! 9, 1, 9, 27, 27, 1, 28, 28, 3, 4, 3, 4
   답 몫: 3, 나머지: 4

46쪽

1. 생각하며 푼다! 17, 17, 5, 2
   답 몫: 5, 나머지: 2
2. 생각하며 푼다! 92, 92, 23, 23, 5, 3
   답 몫: 5, 나머지: 3
3. 생각하며 푼다!
   예 어떤 수를 □라 하면
   □×6=96, □=96÷6=16입니다.
   따라서 바르게 계산하면 16÷6=2…4이므로
   몫은 2, 나머지는 4입니다.
   답 몫: 2, 나머지: 4

47쪽

1. 생각하며 푼다! 74, 3, 74, 3, 24, 2, 24, 2
   답 몫: 24, 나머지: 2
2. 생각하며 푼다! 98, 5, 98, 5, 19, 3, 19, 3
   답 몫: 19, 나머지: 3

10. 나머지가 없는 (세 자리 수)÷(한 자리 수)

48쪽

1. 생각하며 푼다! 680, 2, 340
   답 340개

2. 생각하며 푼다! 700, 5, 140
   답 140개

3. 생각하며 푼다! 책장 수, 540÷3=180
   답 180권

49쪽

1. 생각하며 푼다! 852, 6, 142
   답 142개

2. 생각하며 푼다! 928÷8=116
   답 116개

3. 생각하며 푼다!
   예 (만들 수 있는 모둠 수)
   =(전체 학생 수)÷(한 모둠의 학생 수)
   =536÷4=134(모둠)
   답 134모둠

50쪽

1. 생각하며 푼다! 450, 9, 50
   답 50자루

2. 생각하며 푼다! 285÷5=57
   답 57개

3. 생각하며 푼다!
   예 (수조 한 개에 넣어야 할 열대어 수)
   =(전체 열대어 수)÷(수조 수)
   =176÷2=88(마리)
   답 88마리

51쪽

1. 생각하며 푼다! 138, 6, 23
   답 23일

2. 생각하며 푼다! 203÷7=29
   답 29명

3. 생각하며 푼다!
   예 (한 명이 가질 수 있는 풍선 수)
   =(전체 풍선 수)÷(사람 수)
   =688÷8=86(개)
   답 86개

11. 나머지가 있는 (세 자리 수)÷(한 자리 수)

52쪽

1. 생각하며 푼다! 416, 3, 138, 2, 138, 2
   답 138장, 2장

2. 생각하며 푼다! 745, 6, 124, 1, 124, 1
   답 124개, 1개

3. 생각하며 푼다! 381, 2, 190…1, 190, 1
   답 190개, 1개

53쪽

1. 생각하며 푼다! 166, 7, 23, 5, 23, 5
   답 23개, 5개

2. 생각하며 푼다! 154, 4, 38…2, 38, 2
   답 38일, 2쪽

3. 생각하며 푼다!
   예 660÷9=73…3입니다.
   따라서 야구공을 73개씩 담을 수 있고 3개가 남습니다.
   답 73개, 3개

54쪽

1. 생각하며 푼다! 324, 5, 64, 4, 64, 4

   답 64상자, 4개

2. 생각하며 푼다! 287, 9, 31, 8, 31, 8

   답 31명, 8 cm

3. 생각하며 푼다! 495, 6, 82…3, 82, 3

   답 82접시, 3개

55쪽

1. 생각하며 푼다! 302, 4, 75, 2, 75, 2, 2, 4, 2, 2

   답 2개

2. 생각하며 푼다! 626, 8, 78…2, 78, 2, 2, 8, 2, 6

   답 6개

 단원평가 이렇게 나와요!　**56쪽**

1. 13개   2. 18상자

3. 17상자   4. 몫: 5, 나머지: 4

5. 몫: 31, 나머지: 2   6. 249자루

7. 124, 3   8. 2개

3. 97÷6=16…1이므로 16상자에 담을 수 있고 음료수 1병이 남습니다. 남은 음료수 1병도 담으려면 상자는 적어도 17상자 필요합니다.

4. 어떤 수를 □라 하면

   □÷8=4…7에서

   8×4=32, 32+7=□, □=39입니다.

   따라서 바르게 계산하면 39÷7=5…4이므로 몫은 5이고 나머지는 4입니다.

5. 몫이 가장 큰 나눗셈식은 95÷3입니다.

   따라서 95÷3=31…2이므로 몫은 31이고 나머지는 2입니다.

8. 194÷7=27…5이므로 귤은 7봉지에 27개씩 담고 5개가 남습니다.

   따라서 남은 5개도 담아야 하므로 귤은 적어도 7-5=2(개) 더 필요합니다.

 셋째 마당·원

12. 원의 성질 응용 문장제

58쪽

1. 생각하며 푼다! 12, ㉠

   답 ㉠

2. 생각하며 푼다! 22, 24, ㉡

   답 ㉡

3. 생각하며 푼다! 18, 14, ㉡

   답 ㉡

59쪽

1. 생각하며 푼다! 2, 24, 24, 7, 31

   답 31 cm

2. 생각하며 푼다! 2, 12, 2, 26, 12, 26, 38

   답 38 cm

3. 13 cm

- -

3. (큰 원의 반지름)=14÷2=7 (cm)

   (작은 원의 지름)=3×2=6 (cm)

   (선분 ㄴㄹ의 길이)

   =(큰 원의 반지름)+(작은 원의 지름)

   =7+6=13 (cm)

60쪽

1. 생각하며 푼다! 3, 3, 24

   답 24 cm

2. 생각하며 푼다! 6, 6, 18

   답 18 cm

3. 21 cm

- -

3. 선분 ㄱㄴ의 길이는 원의 지름의 3배입니다.

   따라서 선분 ㄱㄴ의 길이는 7×3=21 (cm)입니다.

61쪽

1. 생각하며 푼다! 4, 4, 5

   답 5 cm

2. 생각하며 푼다! 48, 6, 6, 12

   답 12 cm

3. 10 cm

------

3. (원의 반지름)=35÷7=5 (cm)

   (원의 지름)=5×2=10 (cm)

13. 원의 성질 실전 문장제

62쪽

1. 생각하며 푼다! 2, 8, 2, 14, 8, 14, 22

   답 22 cm

2. 생각하며 푼다! 2, 24, 2, 12, 24, 12, 36

   답 36 cm

3. 24 cm

------

3. 가장 큰 원의 지름은 가장 큰 원 안의 세 원의 지름의
   합과 같습니다.

   따라서 가장 큰 원의 지름은 12+8+4=24 (cm)
   입니다.

63쪽

1. 생각하며 푼다! 6, 6, 6, 36

   답 36 cm

2. 생각하며 푼다! 8, 7, 8, 56

   답 56 cm

3. 5 cm

------

3. (직사각형의 가로)=(원의 반지름)×8

   (원의 반지름)=40÷8=5 (cm)

64쪽

1. 생각하며 푼다! 4, 4, 20, 20, 20, 20, 20, 80

   답 80 cm

2. 생각하며 푼다! 6, 6, 12, 4, 4, 8, 12, 8, 12, 8, 40

   답 40 cm

65쪽

1. 생각하며 푼다! 4, 4, 6

   답 6 cm

2. 생각하며 푼다! 지름, 2, 18

   답 18 cm

3. 생각하며 푼다! 3, 8×3=24

   답 24 cm

 단원평가 이렇게 나와요!   66쪽

1. 25 cm	2. 33 cm
3. 20 cm	4. 3 cm
5. 48 cm	6. 8 cm

1. (선분 ㄱㄷ의 길이)

   =(큰 원의 지름)+(작은 원의 반지름)

   =17+8=25 (cm)

2. 선분 ㄱㄴ의 길이는 원의 지름의 3배입니다.

   따라서 선분 ㄱㄴ의 길이는 11×3=33 (cm)입
   니다.

3. (중간 원의 지름)=8×2=16 (cm)

   (가장 작은 원의 지름)=2×2=4 (cm)

   (가장 큰 원의 지름)

   (중간 원의 지름)+(가장 작은 원의 지름)

   =16+4=20 (cm)

4. (직사각형의 가로)=(원의 반지름)×8

   (원의 반지름)=24÷8=3 (cm)

5. 정사각형의 한 변은 원의 반지름의 4배입니다.

   (정사각형의 한 변)=3×4=12 (cm)

   따라서 정사각형의 네 변의 길이의 합은

   12+12+12+12=48 (cm)입니다.

6. 큰 원의 반지름은 작은 원의 지름과 같습니다.

   따라서 큰 원의 반지름은 4×2=8 (cm)입니다.

넷째 마당·분수

14. 분수로 나타내기

68쪽

1. (1) $\frac{1}{4}$　　(2) $\frac{3}{4}$

2. (1) $\frac{2}{5}$　　(2) $\frac{3}{5}$

3. (1) $\frac{1}{4}$　　(2) $\frac{3}{4}$

4. (1) $\frac{3}{8}$　　(2) $\frac{5}{8}$　　(3) $\frac{7}{8}$

69쪽

1. (1) $\frac{4}{6}$　　(2) $\frac{2}{3}$

2. (1) $\frac{8}{12}$　　(2) $\frac{4}{6}$　　(3) $\frac{2}{3}$

3. (1) $\frac{3}{9}$　　(2) $\frac{2}{6}$　　(3) $\frac{1}{3}$

4. $\frac{3}{5}$

70쪽

1. (1) $\frac{1}{2}$　　(2) $\frac{2}{9}$

2. (1) 생각하며 푼다! 5, 5, 1, $\frac{1}{5}$

　　답 $\frac{1}{5}$

(2) 생각하며 푼다! 3, 3, 1, $\frac{1}{3}$

　　답 $\frac{1}{3}$

71쪽

1. (1) 생각하며 푼다! 6, 6, 1, $\frac{1}{6}$

　　답 $\frac{1}{6}$

(2) 생각하며 푼다!

예 42를 6씩 묶으면 7묶음이 됩니다.

6은 7묶음 중 1묶음이므로 딸기 6개는

42개의 $\frac{1}{7}$입니다.

답 $\frac{1}{7}$

2. $\frac{2}{5}$

---

2. 20을 4씩 묶으면 5묶음이 됩니다.

8은 5묶음 중 2묶음이므로 색종이 8장은 20장의

$\frac{2}{5}$입니다.

15. 전체에 대한 분수만큼은 얼마인지 알아보기

72쪽

1. 2, 6　　　　　2. 2, 10

3. 5, 20　　　　4. 6, 42

5. 9, 27　　　　6. 5, 2

7. 7, 4　　　　　8. 6, 4

9. 8, 6　　　　　10. 9, 7

73쪽

1. 생각하며 푼다! 3, 3, 9

　　답 9시간

2. 8자루

3. 20권

4. 40장

5. 24 cm

74쪽

1. 생각하며 푼다! 2, 3, 6, 6

　　답 6개

2. 생각하며 푼다! 4, 2, 8, 8

　　답 8개

3. 생각하며 푼다! 4, 4, 16, 16, 16, 20

　　답 20명

75쪽

1. 생각하며 푼다! 8, 4, 윤서, 8, 4, 4

   답 윤서, 4장

2. 생각하며 푼다! 9, 3, 12, 오렌지, 12, 9, 3

   답 오렌지, 3개

3. 생각하며 푼다! 6, 18, 8, 16, 연주, 18, 16, 2

   답 연주, 2 cm

16. 여러 가지 분수 알아보기

76쪽

1. 생각하며 푼다! 7, 4, 5, 6, $\dfrac{4}{7}$, $\dfrac{5}{7}$, $\dfrac{6}{7}$, 3

   답 3개

2. 생각하며 푼다! $\dfrac{10}{13}$, $\dfrac{11}{13}$, $\dfrac{12}{13}$, $\dfrac{13}{13}$, $\dfrac{14}{13}$, $\dfrac{13}{13}$, $\dfrac{14}{13}$, 2

   답 2개

3. 생각하며 푼다!

   예 분모가 11인 진분수의 분자는 11보다 작은 수입니다.

   이 중 6보다 큰 수는 7, 8, 9, 10이므로 구하는 진분수는 $\dfrac{7}{11}$, $\dfrac{8}{11}$, $\dfrac{9}{11}$, $\dfrac{10}{11}$으로 모두 4개입니다.

   답 4개

77쪽

1. 생각하며 푼다! 8, 6, 3, 3, 3, 5, $\dfrac{3}{5}$

   답 $\dfrac{3}{5}$

2. 생각하며 푼다! 7, 15, 8, 4, 4, 4, 7, 11, $\dfrac{4}{11}$

   답 $\dfrac{4}{11}$

3. $\dfrac{7}{10}$

78쪽

1. 생각하며 푼다! 11, 16, 8, 8, 8, 3, $\dfrac{8}{3}$

   답 $\dfrac{8}{3}$

2. 생각하며 푼다! 4, 14, 18, 9, 9, 9, 4, 5, $\dfrac{9}{5}$

   답 $\dfrac{9}{5}$

3. $\dfrac{13}{2}$

79쪽

1. 생각하며 푼다! 3, 3, 9, 4, 2, 2, 2, 7, $\dfrac{2}{7}$, $3\dfrac{2}{7}$

   답 $3\dfrac{2}{7}$

2. $6\dfrac{5}{13}$

- -

2. 6보다 크고 7보다 작은 수이므로 대분수의 자연수 부분은 6입니다.

   진분수의 분자를 □라고 하면 분모는 □+8입니다.

   분모와 분자의 합이 18이므로 □+□+8=18,

   □+□=10, □=5입니다.

   분자가 5이고 분모가 5+8=13인 진분수는 $\dfrac{5}{13}$입니다.

   따라서 조건을 만족하는 대분수는 $6\dfrac{5}{13}$입니다.

17. 분모가 같은 분수의 크기 비교하기

80쪽

1. 생각하며 푼다! $3\dfrac{4}{6}$, $3\dfrac{4}{6}$, 4, 1, 2, 3, 3

   답 3개

2. 생각하며 푼다! $5\dfrac{5}{8}$, $5\dfrac{5}{8}$, 5, 1, 2, 3, 4, 4

   답 4개

3. 2개

1. 생각하며 푼다! $1, 2, 2\frac{1}{8}, 1\frac{5}{8}$, 현지

   답 현지

2. 생각하며 푼다! 자연수, 6, 4, $6\frac{1}{9}$, $4\frac{7}{9}$, 영서

   답 영서

3. 불고기 피자

82쪽

1. 생각하며 푼다! $2\frac{1}{6}, 2, 1, \frac{13}{6}, 1\frac{4}{6}$, 서점

   답 서점

2. 생각하며 푼다! $2\frac{6}{7}, 2, 3, \frac{20}{7}, 3\frac{1}{7}$, 민우

   답 민우

83쪽

1. 생각하며 푼다! $\frac{30}{11}, 30, 32, \frac{32}{11}, 2\frac{8}{11}$, 준혁

   답 준혁

2. 생각하며 푼다! $\frac{12}{7}, 10, 12, \frac{10}{7}, 1\frac{5}{7}$, 민준

   답 민준

단원평가 이렇게 나와요!   84쪽

1. $\frac{3}{8}$ 2. $\frac{2}{7}$

3. 20시간   4. 40명

5. 3개   6. $6\frac{5}{8}$

7. 5개   8. 치즈 케이크

4. 56명의 $\frac{2}{7}$는 16명이므로 여학생은 16명입니다.

   따라서 남학생은 56－16＝40(명)입니다.

다섯째 마당·들이와 무게

18. 들이의 단위 기본 문장제

86쪽

1. 7000   2. 2
3. 4200   4. 6, 900
5. 5760   6. 3, 150
7. 1040   8. 8, 30
9. 1800   10. 2, 50

87쪽

1. 생각하며 푼다! 2, 700, 2, 700, 2000, 700, 2700

   답 2700 mL

2. 6350 mL

3. 생각하며 푼다! 1000, 450, 1, 450

   답 1 L 450 mL

4. 5 L 80 mL

88쪽

1. 생각하며 푼다! 1, 680, 1, 800, 1, 680, ㉮ 병

   답 ㉮ 병

2. 생각하며 푼다! 3450, 3500, 3450, 우유

   답 우유

3. 생각하며 푼다!

   예 ㉯ 병의 물 2 L 75 mL＝2075 mL입니다.
   따라서 2750 mL＞2075 mL이므로 물이
   더 많이 들어 있는 것은 ㉮ 병입니다.

   답 ㉮ 병

1. 생각하며 푼다! 2, 45, 2, 500, 2, 450, 2, 45,
   주스, 우유, 식혜

   답 주스, 우유, 식혜

2. 생각하며 푼다! 3590, 3095, 3190, 3590,
   간장, 식초, 기름

   답 간장, 식초, 기름

3. 민하, 준서, 현기

19. 들이의 덧셈과 뺄셈 실전 문장제

90쪽

1. 생각하며 푼다! 1, 400, 3, 500, 4, 900

   답 4 L 900 mL

2. 생각하며 푼다! 3, 150, 2, 600, 5, 750

   답 5 L 750 mL

3. 생각하며 푼다!

   예 (두 사람이 수조에 부은 물의 양)
     =(정현이가 부은 물의 양)
       +(재인이가 부은 물의 양)
     =3 L 500 mL+5 L 250 mL
     =8 L 750 mL

   답 8 L 750 mL

91쪽

1. 생각하며 푼다! 3, 500, 1, 400, 4, 900, 3, 500,
   4, 900, 8, 400

   답 8 L 400 mL

2. 생각하며 푼다!

   예 (주스의 양)
     =1 L 800 mL+ 450 mL
     =2 L 250 mL
     (경민이네 집 냉장고에 있는 우유와 주스의 양)
     =(우유의 양)+(주스의 양)
     =1 L 800 mL+2 L 250 mL
     =4 L 50 mL

   답 4 L 50 mL

92쪽

1. 생각하며 푼다! 5, 600, 1, 150, 4, 450

   답 4 L 450 mL

2. 생각하며 푼다! 9, 450, 4, 200, 5 L 250 mL

   답 5 L 250 mL

3. 생각하며 푼다!

   예 (친구들과 나누어 마신 물의 양)
     =(처음에 있던 물의 양)−(남은 물의 양)
     =4 L 700 mL−2 L 500 mL
     =2 L 200 mL

   답 2 L 200 mL

93쪽

1. 생각하며 푼다! 1, 500, 1, 350, 2, 850, 2, 200,
   1, 400, 3, 600, 성훈, 3, 600, 2,
   850, 750

   답 성훈, 750 mL

2. 현지, 700 mL

- -

2. (준하가 마신 물의 양)
   =5 L 100 mL−3 L 400 mL
   =1 L 700 mL
   (현지가 마신 물의 양)
   =4 L 200 mL−1 L 800 mL
   =2 L 400 mL
   따라서 현지가 마신 물의 들이가
   2 L 400 mL−1 L 700 mL=700 mL 더
   많습니다.

94쪽

1. 2000
2. 8
3. 1700
4. 6, 300
5. 4650
6. 7, 630
7. 9040
8. 3, 5
9. 4150
10. 1, 720

95쪽

1. 생각하며 푼다! 4, 830, 4, 830, 4000, 830,
   4830

   답 4830 g

2. 2070 g

3. 생각하며 푼다! 1000, 1, 240

   답 1 kg 240 g

4. 5 kg 45 g

96쪽

1. 생각하며 푼다! 3, 300, 3, 300, 3, 270, 고양이

   답 고양이

2. 생각하며 푼다! 2120, 2120, 2095, 경석

   답 경석

3. 준영

4. 어머니

97쪽

1. 생각하며 푼다! 7, 905, 7, 950, 7, 905, 7,
   ㉢, ㉡, ㉠

   답 ㉢, ㉡, ㉠

2. ㉡, ㉠, ㉢

3. 생각하며 푼다! 2500, 2500, 2050, 2005,
   여정, 민석, 서준

   답 여정, 민석, 서준

98쪽

1. 생각하며 푼다! 1, 300, 2, 260, 3, 560

   답 3 kg 560 g

2. 생각하며 푼다! 1, 200, 30, 450, 1, 200,
   31 kg 650 g

   답 31 kg 650 g

3. 생각하며 푼다!

   예 (냉장고에 있는 쇠고기와 돼지고기의 무게)
   =(쇠고기의 무게)+(돼지고기의 무게)
   =1600 g+2100 g
   =3700 g

   답 3700 g

99쪽

1. 생각하며 푼다! 3, 400, 1, 300, 4, 700,
   3, 400, 4, 700, 8, 100

   답 8 kg 100 g

2. 생각하며 푼다!

   예 8300 g=8 kg 300 g
   (현수의 몸무게)
   =22 kg 500 g+8 kg 300 g
   =30 kg 800 g
   (동생과 현수의 몸무게)
   =(동생의 몸무게)+(현수의 몸무게)
   =22 kg 500 g+30 kg 800 g
   =53 kg 300 g

   답 53 kg 300 g

1. 생각하며 푼다! 7, 600, 2, 420, 5, 180

   답 5 kg 180 g

2. 생각하며 푼다! 3, 250, 4, 800, 3, 250,

   　　　　　　　 1 kg 550 g

   답 1 kg 550 g

3. 6 kg 600 g

- -

3. 예 (가방의 무게)

   　=36 kg 700 g−30 kg 100 g

   　=6 kg 600 g

101쪽

1. 생각하며 푼다! 4, 650, 1, 50, 3, 600, 3600,

   　　　　　　　 3600, 4, 900

   답 900 g

2. 생각하며 푼다! 6, 200, 3, 700,

   　　　　　　　 2 kg 500 g=2500 g,

   　　　　　　　 2500÷5=500

   답 500 g

 단원평가 이렇게 나와요!　　102쪽

1. 3840 mL　　　　2. ㉯ 병

3. 8 L 900 mL　　　4. 2 L 550 mL

5. 6830 g　　　　　6. 수민

7. 69 kg　　　　　　8. 2 kg 600 g

7. 5700 g=5 kg 700 g입니다.

   (언니의 몸무게)=31 kg 650 g+5 kg 700 g

   　　　　　　　　=37 kg 350 g

   (두 사람의 몸무게)

   =31 kg 650 g+37 kg 350 g

   =69 kg

8. 4500 g=4 kg 500 g입니다.

   7 kg 100 g−4 kg 500 g

   =2 kg 600 g

 여섯째 마당·자료의 정리

22. 표를 보고 해석하기, 그림그래프 알아보기

104쪽

1. 9명

2. 3배

3. 닭강정

4. 닭강정, 피자, 떡볶이, 핫도그

105쪽

1. 33명

2. 공연장

3. 공연장, 생태체험학습관, 과학관, 박물관

4. 장소 공연장

   이유 예 가장 많기 때문입니다.

106쪽

1. 10권, 1권

2. 73권

3. 16권

4. 동화책

5. 과학책

- -

3. 역사책: 54권, 과학책: 38권

   → 54−38=16(권)

107쪽

1. 자장면: 610그릇, 짬뽕: 440그릇,

   볶음밥: 280그릇, 탕수육: 320그릇

2. 자장면, 짬뽕, 탕수육, 볶음밥

3. 170그릇

4. 자장면

108쪽

1. 2가지

2. 10 kg, 1 kg

3.

마을	생산량
	마을별 포도 생산량
가	🍇🍇🍇🍇🍇🍇
나	🍇🍇🍇🍇🍇
다	🍇🍇🍇🍇🍇🍇
라	🍇🍇🍇

🍇 10 kg
🍇 1 kg

4. 다 마을

109쪽

1.

모둠	붙임딱지 수
	모둠별 칭찬 붙임딱지 수
화목	❤❤❤❤❤❤❤❤❤
친절	❤❤❤❤❤❤❤❤❤❤
기쁨	❤❤❤❤❤❤❤
미소	❤❤❤❤❤❤❤❤❤❤

❤ 10장
❤ 1장

2. 10장, 1장

3. 23장

4. 기쁨 모둠, 화목 모둠, 친절 모둠, 미소 모둠

110쪽

1. 100명, 10명, 1명

2. 373명

3.

초등학교	학생 수
한별	◎◎◎◎◎●●●○○○○○
큰별	◎◎◎◎◎●●●○○
샛별	◎◎◎●○○○○
햇별	◎◎◎●●●●●●●○○○

◎ 100 명
● 10 명
○ 1 명

4. 햇별 초등학교, 샛별 초등학교, 한별 초등학교, 큰별 초등학교

111쪽

1.

동아리	학생 수
	동아리별 참가 학생 수
독서	◎◎◎◎○○○○○○○
수공예	◎○○○○○○○○
오케스트라	◎◎◎○○
연극	◎◎○○○○○○○○

◎ 10명
○ 1명

2.

동아리	학생 수
	동아리별 참가 학생 수
독서	◎◎◎◎△○○
수공예	◎△○○○○
오케스트라	◎◎◎○○
연극	◎◎△○○○○

◎ 10명
△ 5명
○ 1명

 단원평가 이렇게 나와요! **112쪽**

1. 90명
2. 포도
3. 수박
4. 9명
5. 풀이 참조
6. 10권, 1권
7. 친절 모둠
8. 다정 모둠

5.

모둠	책 수
	모둠별 읽은 책 수
화목	📗📗📗📗📗📗📗📗
다정	📗📗📗📗📗
친절	📗📗📗📗
웃음	📗📗📗📗📗

📗 10권
📗 1권